中国地质大学(武汉)实验教学系列教材
中国地质大学(武汉)实验技术研究项目资助

测绘工程实习指导书

CEHUI GONGCHENG SHIXI ZHIDAOSHU

主　编　吴北平　陈　刚
　　　　潘　雄　曾　云
副主编　徐景田　岳迎春
　　　　田玉刚　黄海军

中国地质大学出版社
ZHONGGUO DIZHI DAXUE CHUBANSHE

图书在版编目(CIP)数据

测绘工程实习指导书/吴北平等主编.—武汉:中国地质大学出版社,2010.8
ISBN 978-7-5625-2513-4

Ⅰ.①测…
Ⅱ.①吴…
Ⅲ.①工程测量-高等学校-教学参考资料
Ⅳ.①TB22

中国版本图书馆 CIP 数据核字(2010)第 155479 号

主　编　吴北平　陈　刚
　　　　　潘　雄　曾　云
副主编　徐景田　岳迎春
　　　　　田玉刚　黄海军

测绘工程实习指导书

CEHUI GONGCHENG SHIXI ZHIDAOSHU

责任编辑:张　华　　组稿编辑:方　菊　张晓红　　责任校对:戴　莹

出版发行:中国地质大学出版社(武汉市洪山区鲁磨路 388 号)　　邮政编码:430074
电话:(027)67883511　传真:67883580　　E-mail:cbb@cug.edu.cn
经　销:全国新华书店　　http://www.cugp.cn

开本:787mm×1 092mm　1/16　　字数:280 千字　印张:11
版次:2010 年 8 月第 1 版　　印次:2010 年 8 月第 1 次印刷
印刷:武汉中科兴业印务有限公司　　印数:1—2 000 册

ISBN 978-7-5625-2513-4　　定价:24.00 元

中国地质大学(武汉)实验教学系列教材

编委会名单

前　言

测绘科学与技术主要是研究测定和推算地面及其外层空间点的几何位置，确定地球形状和地球重力场，获取地球表面自然形态和人工设施的几何分布以及与其属性有关的信息，编制全球或局部地区的各种比例尺的普通地图和专题地图，建立各种地理信息系统，为国民经济发展和国防建设以及地学研究服务。

测绘工程是测绘科学与技术的主要学科专业。它主要培养在国民经济各部门从事国家基础测绘建设，陆海空运载工具导航与管理，城市和工程建设，矿产资源勘察与开发，国土资源的调查与管理等测量工程，地图与地理信息系统的设计、实施和研究以及环境保护与灾害预防、地球动力学等领域从事研究、管理、教学等方面工作的高级工程技术人才。

由于测绘工程是一门实践性很强的应用性学科，该专业各层次人才的培养，离不开动手能力的训练。《测绘工程实习指导书》的编写宗旨是加强测绘工程专业学生实践能力的培养，其内容包括测绘工程专业各骨干课程的所有实践环节，如地形测量实习、大地测量实习、工程测量实习、摄影测量实习、遥感原理与应用实习、GPS 定位原理与应用实习、测量平差实习等。本书补充了教科书对实验部分论述的不足，同时也可使学生对本专业课程和技能的学习有一个完整和系统地掌握。

本书不仅适合测绘工程专业的教学需要，还能满足遥感科学与技术、地球信息科学与技术、土地资源管理等专业测绘课程教学的需要。

参加本书编写的有吴北平、陈刚、曾云、潘雄、徐景田、岳迎春、田玉刚、黄海军、吕丽萍、陈于、梁新美。其中曾云编写第一章，梁新美编写第十章，岳迎春编写第二章、第十一章，陈于编写第三章，吕丽萍编写第四章、第十三章，黄海军编写第五章、第十二章，田玉刚编写第六章，陈刚编写第七章、第十四章，徐景田编写第八章，潘雄编写第九章，吴北平编写第十五章。此外，胡友健、王莉等老师也为本书编写做了许多有益工作，在此表示衷心感谢。全书由吴北平统稿。

限于我们的水平，书中内容难免有错误或不妥之处，欢迎专家和读者批评指正。

此书由中国地质大学（武汉）实验技术研究经费资助。

编　者

2010 年 6 月于武汉

目 录

第一篇 课间实习

第二篇　野外实习

第三篇　毕业设计

第一篇

课间实习

第一章　地形测量课间实验

实验一　水准仪的认识及使用

一、目的和要求

(1)了解 DS3 微倾式水准仪的基本构造,掌握其主要部件的名称和作用。

(2)掌握望远镜的使用方法,学会如何消除视差。

(3)学会水准仪的使用(安置、粗平、瞄准、精平)。

(4)练习水准尺读数(黑面及红面)。

二、仪器和工具

DS3 水准仪 1 台,水准尺 2 根,记录板 1 块。

三、实验内容

(1)认识 DS3 水准仪的构造和各操作部件的名称、作用和操作方法。

(2)练习水准仪的安置及整平方法。

(3)练习水准尺的读数方法。

(4)初步练习高差的观测、记录及计算方法。

四、实验方法与步骤

1. 安置仪器

将脚架张开,使其高度适当,架头大致水平,踩实架腿。再开箱取出仪器将其固连在三脚架上。

2. 认识仪器

了解仪器各部件的名称,了解其作用并熟悉其使用方法。

3. 粗略整平

旋转水准仪基座上的三个脚螺旋,使圆水准器气泡居中。先用双手同时向内(或向外)转动一对脚螺旋,使圆水准器气泡移动到中间,再转动另外一只脚螺旋,使圆气泡居中,通常需反复进行。注意气泡移动的方向与左手拇指或右手食指运动的方向一致。

4. 瞄准水准尺、精平与读数

(1)瞄准。甲将水准尺立于某地面点上,乙松开水平制动螺旋,转动仪器,用粗瞄器粗略瞄准水准尺,固定制动螺旋,用微动螺旋使水准尺大致位于视场中央;转动目镜对光螺旋进行对光,使十字分划清晰,再转动物镜对光螺旋,看清水准尺影像;转动水平微动螺旋,使十字丝纵丝靠近水准尺一侧,若存在视差,则应仔细进行物镜对光予以消除。

(2)精平。转动微倾螺旋,使符合水准器气泡两端的影像符合。自动安平水准仪不需此操作,但要检查补偿器是否处于正常工作状态。

(3)读数。用中丝在水准尺上读取4位读数,即米、分米、厘米及毫米位。读数时应先估出毫米数,然后按米、分米、厘米及毫米一次读出4位数。读数后检查仪器视线是否精平。

5.测定地面两点间的高差

(1)在地面选定 A、B 两个坚固的点。

(2)在 A、B 两点间安置水准仪,使仪器至 A、B 两点的距离大致相等。

(3)竖立水准尺于点 A 上,瞄准点 A 上的水准尺,精平后读数,此为后视读数 a,记入表中测点 A 一行的后视读数栏下。

(4)再将水准尺立于点 B,瞄准点 B 上的水准尺,精平后读取前视读数 b,并记入表中测点 B 一行的前视读数栏下。计算 A、B 两点的高差 h,$h=a-b$。

(5)按同法读取、记录水准尺红面读数,计算高差。检核黑面中丝读数加上水准尺常数 K(4.687 或 4.787)减去红面中丝读数应不超过±3mm。

(6)换一人重新安置仪器,进行上述观测,直至小组所有成员全部观测完毕,小组成员之间所测高差之差不得超过±5mm。

五、记录格式

见表1-1。

表1-1　高差测量练习表

日期:　　　　　　天气:　　　　　　班级/小组:

仪器型号:　　　　观测:　　　　　　记录:

<table>
<tr><th>测站</th><th colspan="2">点号</th><th>后视读数</th><th>前视读数</th><th>高差</th><th>读数差</th></tr>
<tr><td rowspan="4">O</td><td rowspan="2">A</td><td>黑面</td><td></td><td></td><td rowspan="4"></td><td rowspan="4"></td></tr>
<tr><td>红面</td><td></td><td></td></tr>
<tr><td rowspan="2">B</td><td>黑面</td><td></td><td></td></tr>
<tr><td>红面</td><td></td><td></td></tr>
<tr><td rowspan="4"></td><td rowspan="2"></td><td>黑面</td><td></td><td></td><td rowspan="4"></td><td rowspan="4"></td></tr>
<tr><td>红面</td><td></td><td></td></tr>
<tr><td rowspan="2"></td><td>黑面</td><td></td><td></td></tr>
<tr><td>红面</td><td></td><td></td></tr>
</table>

六、注意事项

(1)由于是第一次实习,请在老师讲解后再开箱安置仪器。

(2)开箱后先看清仪器放置情况及箱内附件情况,用双手取出仪器并随手关箱。

(3)水准仪安放到三脚架上后必须立即将中心连接螺旋旋紧,以防仪器从脚架上掉下摔坏。

(4)转动各螺旋时要稳、轻、慢,不能用力太大,仪器旋钮不宜拧得过紧。仪器制动后不允许强力转动仪器。微动螺旋只有在制动之后才能使用。

(5)松开中心连接螺旋后应立即将仪器装箱,仪器装箱前要松开制动螺旋,试着合上箱盖,不可用力过猛,以免压坏仪器。

(6)水准尺不用时最好横放在地面上,不能立在墙边或斜靠在电杆或树木等物体上,以防摔坏水准尺。

(7)实习时应合上仪器箱,以防止灰尘和水气进入仪器箱。不可踏、坐仪器箱。

七、思考题

1. 水准仪是由哪几部分组成的?每一部分的作用是什么?

2. 圆水准器的作用是什么?管水准器的作用是什么?

3. 简述望远镜的调焦步骤。

4. 在读取水准尺读数前,为什么要消除视差?如何消除视差?

5. 自动安平水准仪的原理是什么?它的操作有什么特点?

实验二　四等水准测量

一、目的和要求

(1)掌握用DS3水准仪进行四等水准测量的步骤。

(2)四等水准测量每测站的限差:前、后视距值≤80m,前后视距差≤5m,黑红面读数差≤3mm,黑红面所测量高差之差≤5mm。

(3)水准路线高差闭合差 $f_h \leqslant 20\sqrt{S}$mm。

二、仪器和工具

DS3水准仪1台,水准尺2根,尺垫2个,记录板1块。

三、实验内容

用DS3水准仪按照四等水准测量的要求测量一条闭合水准路线。

四、实验方法与步骤

1. 选定施测路线

在地面上选取一点作为高程起始点,选择一定长度、有一定起伏的路线组成一条闭合水准路线,该闭合水准路线包含4个或6个测站。

2. 四等水准测量每个测站的观测程序

(1)安置整平仪器,照准后尺黑面,调微倾螺旋使符合水准器严密居中,依次读取上、下丝及中丝读数,并将数据依次记入四等水准测量观测手簿中(1)、(2)、(3)的位置(见表1-2)。

(2)转动水准仪,照准前尺黑面,调微倾螺旋使符合水准器严密居中,依次读取上、下丝及中丝读数,并将数据依次记入四等水准测量观测手簿中(4)、(5)、(6)的位置(见表1-2)。

(3)前尺变红面朝向仪器,使符合水准器严密居中,读取中丝读数,并将数据记入四等水准测量观测手簿中(7)的位置(见表1-2)。

(4)后尺变红面,仪器照准后尺红面,使符合水准器严密居中,读取中丝读数,并将数据记入四等水准测量观测手簿中(8)的位置(见表1-2)。

以上观测顺序简称为:后—前—前—后,或黑—黑—红—红。

3. 四等水准测量每个测站的计算与检核

在记录的同时,应及时进行计算及检核,不能等待观测完再计算,发现问题及时提醒观测员进行补救。计算内容如下。

(1)视距部分:

后视距离　(15)=(1)-(2)≤80m;

前视距离　(16)=(4)-(5)≤80m;

前、后视距差　(17)=(15)-(16)≤5.0m;

视距累积差　(18)=本站(17)+前站(18)≤10.0m。

(2)高差部分:

前尺红黑面读数差　(9)=(6)+K-(7)≤3.0mm;

后尺红黑面读数差　(10)=(3)+K-(8)≤3.0mm;

两尺黑面高差　(11)=(3)-(6);

两尺红面高差　(12)=(8)-(7);

黑面高差与红面高差之差　(13)=(11)-(12)±0.1=(10)-(9)≤5.0mm;

高差中数　(14)=[(11)+(12)±0.1]/2。

式中:常数0.1m是两水准尺红面起始分划读数之差,即4.687和4.787之差;式中带括号的项为表1-2的对应项。

作业时,对每一个测站,必须遵循全部计算完毕并确认符合限差要求后才能移动后尺尺垫和迁站的原则,否则就会造成全测段重测的后果。

五、记录格式

见表1-2。

表 1-2　三、四等水准测量记录表

时间：　　　　年　　月　　日　　　　天气：　　　　成像：

仪器及编号：　　　　　　观测者：　　　　　　记录者：

测站编号	点号	后尺 下丝 / 上丝	前尺 下丝 / 上丝	方向及尺号	标尺读数(m) 黑面	标尺读数(m) 红面	黑+K−红(mm)	高差中数(m)	备注
		后视距(m)	前视距(m)						
		视距差 d (m)	Σd(m)						
		(1)	(4)	后	(3)	(8)	(10)		
		(2)	(5)	前	(6)	(7)	(9)		
		(15)	(16)	后−前	(11)	(12)	(13)	(14)	
		(17)	(18)						
				后					
				前					
				后−前					
				后					
				前					K为水准尺常数
				后−前					
				后					
				前					
				后−前					
				后					
				前					
				后−前					
				后					

六、注意事项

(1)转点起着传递高程的作用。在相邻转站过程中,尺位要严格保持不变,否则会给高差带来误差,而且转点上的读数一个为前视读数,另一个为后视读数,两个读数缺一不可。一般来说,转点上应放置尺垫。

(2)按规范要求,每条水准路线测量测站个数应为偶数站,以消除两根水准尺的零点误差和其他误差。

(3)水准尺要尽量竖直,以减小水准尺倾斜误差对读数的影响。

(4)每个测站必须等全部计算完毕并确认符合限差要求后才能迁站。

七、思考题

1. 四等水准测量每测站的观测步骤是什么?

2. 四等水准测量时前后视距大致相等能消除或减弱哪些误差?

3. 当前后视距差超限时,如何移动前尺或水准仪?

实验三　水准仪的检验与校正

一、目的和要求

(1)了解微倾式水准仪各轴线应满足的条件。

(2)掌握水准仪检验和校正的方法。

(3)要求校正后,i 角值不超过 $20''$,其他条件校正到无明显偏差为止。

二、仪器和工具

水准仪 1 台,水准尺 2 根,尺垫 2 个,皮尺 1 卷,记录板 1 块。

三、实验内容

DS3 水准仪的检验与校正。

四、实验方法与步骤

(一)水准仪的轴系及其应满足的条件

水准仪的主要轴系有:管水准轴 LL'、视准轴 CC'、竖轴 VV'及圆水准轴 L_1L_1'(图 1-1)。各轴系之间应满足如下条件。

(1)管水准轴平行于视准轴。

(2)圆水准轴平行于竖轴。

(3)十字丝横丝垂直于仪器竖轴。

(二)圆水准器轴平行于仪器竖轴的检验与校正

1. 检验

转动脚螺旋,使圆水准器气泡居中。将仪器绕竖轴旋转 180°,如果气泡仍居中,则条件满足;如果气泡偏出分划圈外,则需校正。

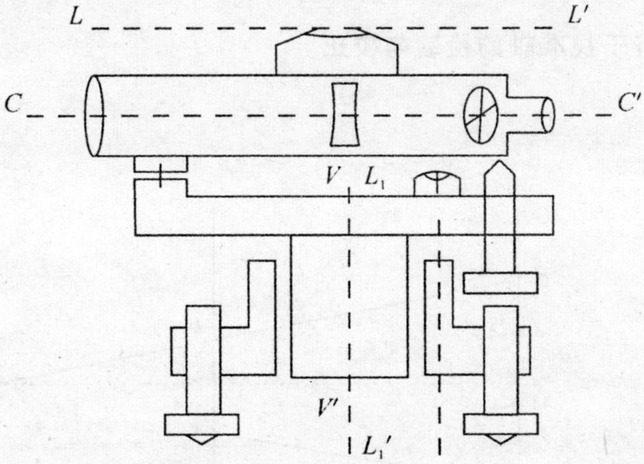

图 1-1　水准仪轴系示意图

2. 校正

先转动脚螺旋，使气泡移动到偏歪值的一半，然后稍旋松圆水准器底部中央固定螺钉，用校正针拨动圆水准器校正螺钉，使气泡居中。如此反复检校，直到圆水准器转到任何位置时，气泡都在分划圈内为止。最后旋紧固定螺钉。

(三)十字丝横丝垂直于仪器竖轴的检验与校正

1. 检验

严格置平水准仪，用十字丝交点瞄准一明显的点状目标 M(见图 1-2)，旋紧水平制动螺旋，转动水平微动螺旋。如果该点始终在中丝上移动，说明此条件满足，如图 1-2 (a)、1-2 (b)所示；如果该点离开中丝，则需校正，如图 1-2(c)所示。

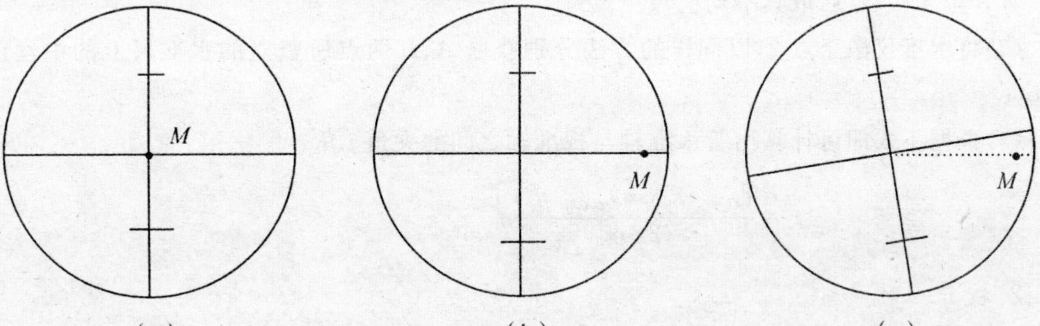

图 1-2　十字丝横丝垂直于仪器竖轴的检验示意图

2. 校正

卸下目镜处外罩，松开 4 个固定螺钉，稍微转动十字丝环，使目标点 M 与中丝重合。反复检验与校正，直到满足条件为止。再旋紧4个固定螺钉。

(四)管水准轴平行于视准轴的检验与校正

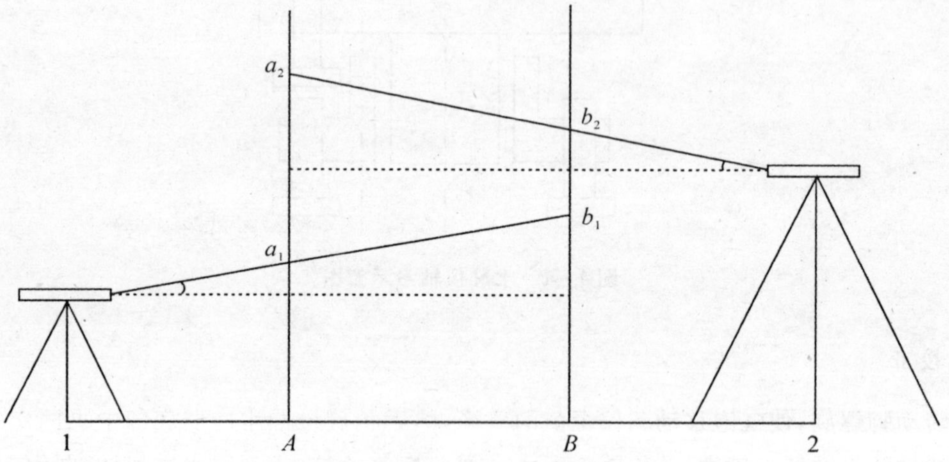

图1-3 水准仪 i 角误差检验示意图

1.检验

(1)如图1-3所示，在比较平坦的地面上选取距离为20.6m的 A、B 两点，然后在 BA 延长线上选取点1，使点1到 A 的距离等于20.6m，最后在 AB 延长线上选取点2，使点2到 B 点的距离也等于20.6m；

(2)在 A、B 两点放上尺垫并在尺垫上竖立水准尺，在点1架设水准仪分别读取在 A、B 两点所竖立的水准尺上的中丝读数 a_1、b_1(为了提高 a_1、b_1 的精度，可在 A、B 两点水准尺上读中丝读数3至4次，然后取其平均值)；

(3)将水准仪搬至点2，以同样的方法分别获取 A、B 两点所竖立的水准尺上的中丝读数 a_2、b_2；

(4)根据下式即可计算出管水准轴与视准轴之间的夹角 i 角：

$$i''=\frac{(a_2-b_2)-(a_1-b_1)}{2S_{AB}}\rho''$$

2.校正

此时仪器在点2，先计算出视准轴水平时在 A 尺上的正确读数 $a_2'=a_2-S_a\cdot\frac{i''}{\rho''}$ ($Sa=$ 41.2m)，然后转动微倾螺旋，使 A 尺上的中丝读数变为 a'_2，此时水准管气泡必然不居中，用校正针拨动水准管上下两校正螺丝，使气泡重新居中。此项检验与校正应反复进行，直至 i 角误差在规定的限差之内为止。

五、记录格式

见表 1－3。

表 1－3　水准仪 i 角检校记录表

时间：　　年　　月　　日　　　　天气：　　　　成像：

仪器及编号：　　　　　　　　　　观测者：　　　　记录者：

	A 尺 读 数		B 尺 读 数	
测站1	第一次读数		第一次读数	
	第二次读数		第二次读数	
	第三次读数		第三次读数	
	第四次读数		第四次读数	
	均　值		均　值	
测站2	第一次读数		第一次读数	
	第二次读数		第二次读数	
	第三次读数		第三次读数	
	第四次读数		第四次读数	
	均　值		均　值	
$i''=\frac{(a_2-b_2)-(a_1-b_1)}{2S_{AB}}\rho''=$				

六、注意事项

(1)检校水准仪时，必须按上述的规定顺序进行，不能颠倒。

(2)拨动校正螺钉时，一律要先松后紧，一松一紧，用力不宜过大，校正完毕时，校正螺钉不能松动，应处于稍紧状态。

(3)管水准轴平行于视准轴的检验和校正是水准仪的主要检校项目，应认真进行。

(4)由于初学者缺乏经验，校正应在教师或专业技术人员的指导下进行。

七、思考题

1. 水准仪有哪些主要轴线？各轴线间须满足什么条件？

2. 简述水准仪 i 角误差的检验原理与检验方法。

实验四　经纬仪的认识及使用

一、目的和要求

(1)了解经纬仪的组成和各部件的名称。

(2)练习度盘读数。

(3)练习经纬仪的安置(对中、整平)。

二、仪器和工具

经纬仪1台,记录板1块。

三、实验内容

了解经纬仪的构造,学会经纬仪的对中、整平的方法。

四、实验方法与步骤

1. 经纬仪的对中与整平(光学对中法)

(1)打开三脚架,将经纬仪从仪器箱中取出,拧紧中心连接螺旋,使三脚架和经纬仪固连在一起。

(2)固定三脚架一脚,双手持另两脚架并不断调整其位置,同时观测光学对点器十字分划,使其基本对准测站标志,踩实脚架;调节脚螺旋,使光学对点器精确对准测站标志。

(3)分别伸缩三脚架的两个脚,使圆水准器气泡居中,粗略整平仪器。

(4)调脚螺旋,精确整平仪器:①先转动照准部,使水准管平行于任意两个脚螺旋,然后转动这两个脚螺旋使气泡居中;②将照准部旋转90°,转动另一只脚螺旋,使气泡居中;③重复以上两个步骤,使照准部转至任何位置时气泡都居中为止。

(5)松开中心连接螺旋一圈,在脚架头上轻轻平移仪器,使光学对点器精确对准测站标志。最后,拧紧中心连接螺旋。

2. 了解经纬仪各组成部分及其作用

经纬仪分为三部分:

(1)照准部。

(2)水平度盘。

(3)基座。

3. 练习度盘读数

如图1-4所示,该度盘的度盘读数为:58°53′48″。

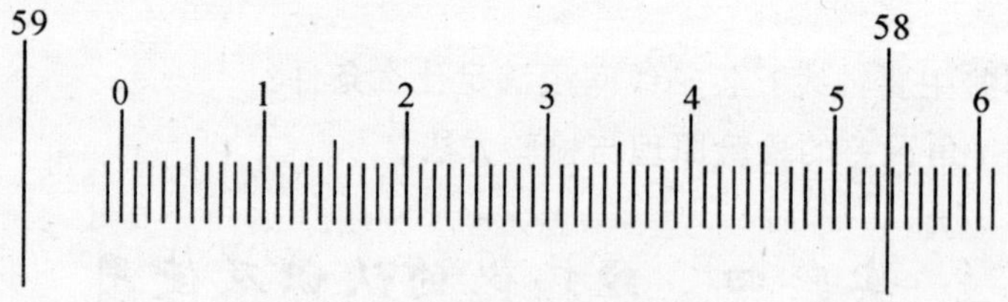

图1-4 度盘读数示意图

五、注意事项

(1)用光学对中器进行对中整平时,采用伸缩脚架的方法来实现粗平,而采用调整脚螺旋的方法来实现精平。

(2)用光学对中器进行对中整平时，在脚架头上移动仪器只能平移，不能旋转。

(3)水平度盘和竖直度盘读数的方法一样，要注意区分水平度盘读数和竖直度盘读数。

六、思考题

(1)如何进行经纬仪的对中、整平？

(2)经纬仪是由哪几部分组成的？每一部分的作用是什么？

实验五 水平角观测(测回法)

一、目的和要求

(1)掌握测回法测量水平角的方法。

(2)上、下半测回角值之差的限差为±40″。

(3)各测回互差的限差为±24″。

(4)每位学生合格地观测一个测回。

二、仪器和工具

经纬仪1台，记录板1块。

三、实验内容

用测回法观测两个方向之间的夹角。

四、实验方法与步骤

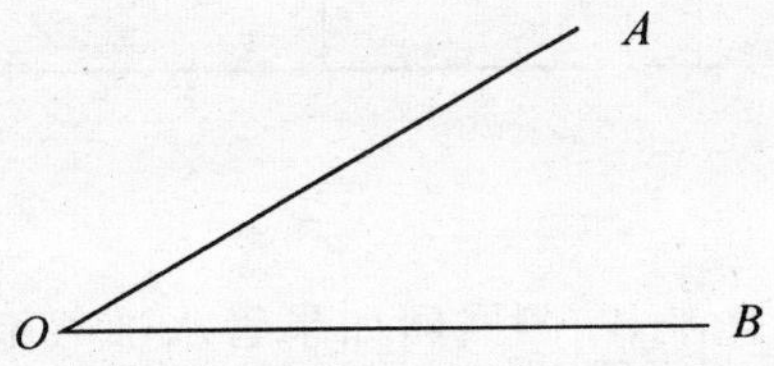

图1-5 测回法观测水平角示意图

(1)如图1-5所示，在测站O点安置经纬仪，对中整平后，于盘左位置，用望远镜竖丝精确瞄准第一个观测目标A。按照测回数配置好水平度盘后，读水平度盘读数并记入手簿。

(2)松开照准部制动螺旋，顺时针旋转，精确瞄准第二个观测目标B，读水平度盘读数$b_{左}$并记入手簿。

以上操作称为上半测回，测得角值为：

$$\beta_{左}=b_{左}-a_{左}$$

(3)倒转望远镜，让经纬仪处于盘右位置，松开照准部制动螺旋，逆时针旋转，精确瞄准第二个观测目标B，读水平度盘读数$b_{右}$并记入手簿。

（4）松开照准部制动螺旋，逆时针旋转，再瞄准第一个观测目标 A，读水平度盘读数 $a_{右}$ 并记入手簿。

以上操作称为下半测回，测得角值为：

$$\beta_{右}=b_{右}-a_{右}$$

上、下半测回角值之差不超过 40″时，可取上、下半测回角值的平均值，作为一测回的角值。即：

$$\beta=\frac{\beta_{左}+\beta_{右}}{2}$$

如果上、下半测回角值之差超过 40″，则外业观测成果不合格，须重新观测。

五、记录格式

见表 1-4。

表 1-4　测回法水平角观测手簿

时间：　　　年　　月　　日　　　　　　　天气：　　　　　成像：

仪器及编号：　　　　　　　　　　　　　　观测者：　　　　记录者：

测站	竖盘位置	目标	水平度盘读数 ° ′ ″	半测回角值 ° ′ ″	一测回角值 ° ′ ″	备注
O	左	A				
		B				
	左	A				
		B				

六、注意事项

（1）经纬仪应严格地对中、整平，在测回间如果管水准气泡偏移超过一格，须重新进行对中、整平。

（2）瞄准目标时应消除视差，尽量瞄准目标底部。

（3）测量水平角要求用竖丝瞄准目标，在水平度盘上进行读数。

（4）配置好度盘后，在读数前，应检查目标是否精确瞄准。

（5）安置仪器高度要适中，转动照准部及使用各种螺旋时用力要轻。

（6）按观测顺序读数、记录，注意检查测量结果是否符合限差，超限应重测。

七、思考题

1. 测量水平角时为什么要配置度盘？如何配置度盘？如测回数为 3，应如何配置度盘？

2. 测回法观测水平角适用于测量什么样的水平角度？其观测步骤是什么？

实验六　水平角观测(方向观测法)

一、目的和要求

(1)掌握方向观测法测量水平角的方法。

(2)半测回归零差的限差为±18″。

(3)同方向值各测回互差的限差为≤24″。

二、仪器和工具

经纬仪1台,记录板1块。

三、实验内容

用方向观测法观测4个方向之间的夹角。

四、实验方法与步骤

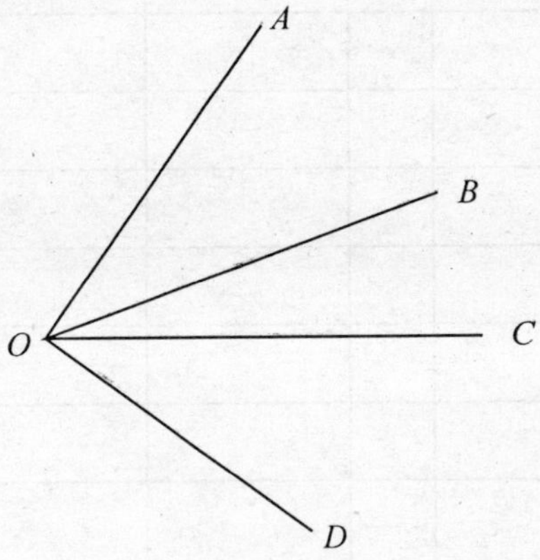

图1-6　方向观测法观测水平角示意图

(1)如图1-6所示,在测站O点安置经纬仪,对中整平后,于盘左位置,用望远镜竖丝精确瞄准第一个观测目标A。按照测回数配置好水平度盘后,读水平度盘读数$a_{左}$并记入手簿。

(2)松开照准部制动螺旋,顺时针旋转,分别精确瞄准目标B、C、D,分别读水平度盘读数$b_{左}$、$c_{左}$、$d_{左}$并记入手簿。

(3)顺时针旋转照准部,再次瞄准观测目标A,读水平度盘读数$a'_{左}$并记入手簿(此步称为“归零”)。

(4)倒转望远镜,让经纬仪处于盘右位置,松开照准部制动螺旋,精确瞄准第一个观测目标A,读水平度盘读数$a_{右}$并记入手簿。

(5)松开照准部制动螺旋,逆时针旋转,分别精确瞄准目标D、C、B,分别读水平度盘读数$d_{右}$、$c_{右}$、$b_{右}$并记入手簿。

(6)逆时针旋转照准部,再次瞄准观测目标A,读水平度盘读数$a'_{右}$并记入手簿。

五、记录格式

见表 1－5。

表 1－5　方向观测法水平角观测手簿

时间：　　　年　　月　　日　　　　　天气：　　　　　成像：

仪器及编号：　　　　　　　　　　　　观测者：　　　　　记录者：

站点	读数				半测回方向	一测回平均方向	各测回平均方向	附注
	盘左		盘右					
1	2	3	4	5	6	7	8	9
第__测回								
A								
B								
C								
D								
A								
第__测回								
A								
B								
C								
D								
A								

六、注意事项

(1)上半测回和下半测回结束后应立即检查归零差是否超限。

(2) 严格按照观测顺序读数、记录,注意检查测量结果是否符合限差,超限应重测。

七、思考题

1.方向观测法与测回法观测水平角有何异同点?

2.半测回归零差如果超限,应如何处理?

3.方向观测法观测水平角适用于测量什么样的水平角度?其观测步骤是什么?

实验七　竖角观测

一、目的和要求

(1)掌握竖角观测的步骤。

(2)掌握竖直角和指标差的计算方法。

(3)指标差变化容许值为25″。

二、仪器和工具

经纬仪1台,记录板1块。

三、实验内容

用测回法观测竖角。

四、实验方法与步骤

(1)将仪器安置在测站上,对中、整平后,将照准部变为盘左位置,先制动望远镜,再转动望远镜微动螺旋,用十字丝横丝精确地切准目标顶端。

(2)将经纬仪竖盘指标自动补偿装置置于"ON"的位置,再检查中丝是否仍切准目标,确认切准后即读取竖盘读数 L,并记入手簿。

(3)倒转望远镜并将照准部旋转180°,变为盘右位置,用中丝切准同一目标的同一部位,读取竖盘读数 R 并记入手簿。

(4)进行竖角和指标差的计算,并将所计算的竖角值和指标差记入手簿。竖角和指标差的计算公式为:

$$\delta=\frac{1}{2}(\delta_{左}+\delta_{右})=\frac{1}{2}(R-L-180^\circ)$$

$$x=\frac{1}{2}(\delta_{左}-\delta_{右})=\frac{1}{2}[360^\circ-(R+L)]$$

五、记录格式

见表1-6。

表 1-6　竖直角观测手簿

时间：　　　　年　　月　　日　　　　　　　天气：　　　　　　成像：

仪器及编号：　　　　　　　　　　　　　　　观测者：　　　　　记录者：

测站	目标	竖盘位置	竖盘读数 ° ′ ″	指标差	半测回角值 ° ′ ″	一测回角值 ° ′ ″	备注
		左					
		右					
		左					
		右					
		左					
		右					

六、注意事项

(1)测量竖直角时应在竖直度盘上读取读数。

(2)读取竖直度盘读数之前要打开竖盘指标补偿装置，仪器装箱前应关上竖盘指标自动补偿装置。

(3)瞄准目标时用中丝精确地切准目标，注意盘左盘右测量时应瞄准同一目标的同一部位。

(4)用同一台仪器对某竖直角观测多测回时，应比较各测回指标差的大小，如果指标差变化超过容许值，应重测。

七、思考题

1. 什么叫竖盘指标差？如何减小或消除竖盘指标差对测量竖直角的影响？

2. 测量竖直角时为何要打开竖盘指标自动补偿装置？

3. 观测水平角和观测竖直角有哪些异同点？

4. 观测竖直角时能否配置度盘？

实验八　经纬仪的检验与校正

一、目的和要求

(1)了解经纬仪各轴线应满足的条件。

(2)掌握经纬仪检验和校正的方法。

二、仪器和工具

经纬仪 1 台，记录板 1 块。

三、实验内容

经纬仪的检验与校正。

四、实验方法与步骤

(一)经纬仪的轴系及其应满足的条件

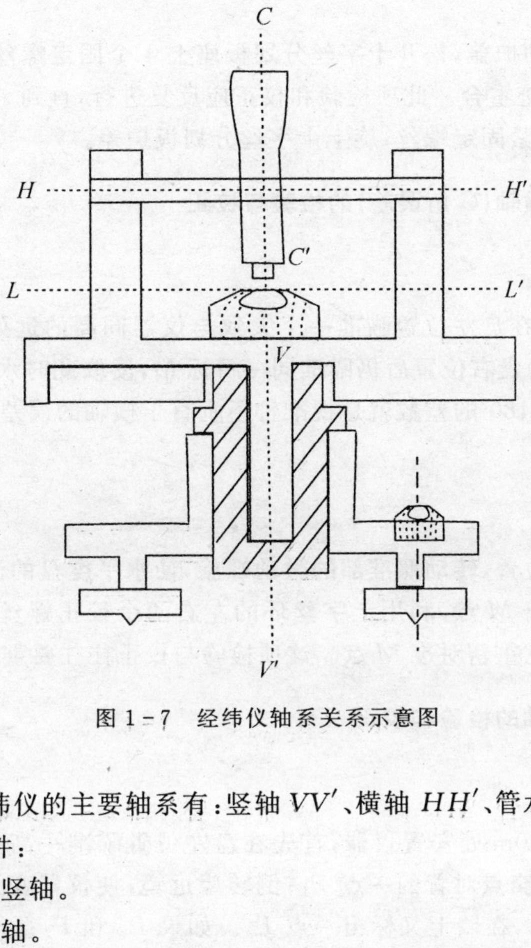

图 1-7 经纬仪轴系关系示意图

如图 1-7 所示,经纬仪的主要轴系有:竖轴 VV'、横轴 HH'、管水准轴 LL'、视准轴 CC'。各轴系之间满足如下条件:

(1)管水准轴垂直于竖轴。

(2)视准轴垂直于横轴。

(3)横轴垂直于竖轴。

(4)十字丝竖丝垂直于横轴。

(二) 管水准轴垂直于竖轴的检验与校正

1. 检验

先将仪器大致整平,旋转照准部使照准部水准管平行于一对脚螺旋的连线,并转动脚螺旋使水准管的气泡居中。然后将照准部旋转 180°,若气泡偏离中央,表明管水准轴不垂直于竖轴。

2. 校正

用校正针转动水准管一端的校正螺丝,使气泡退回偏离的一半,再调整脚螺旋,使气泡居中。此项校正要反复进行几次，直至气泡偏离中央在半格之内为止。

（三）十字丝竖丝垂直于横轴的检验与校正

1. 检验

整平仪器后，用竖丝的一端照准离仪器较远处的一个点 A，制动后转动上、下微动螺旋，观察此点的移动轨迹与竖丝是否重合。若不重合，说明此项条件不满足，需要进行校正。

2. 校正

打开十字丝分划板的护盖，松开十字丝分划板座上 4 个固定螺丝，轻轻地转动分划板座，使竖丝与 A 点的移动轨迹重合。此项检验和校正应反复进行，直到 A 点的移动轨迹与十字丝竖丝重合为止。最后，拧紧固定螺丝，旋上十字丝分划板护盖。

（四）视准轴垂直于横轴（C 角误差）的检验与校正

1. 检验

整平仪器后，望远镜在盘左位置瞄准一个大致与仪器同高的远处目标 M，读取此时水平度盘读数 L。将仪器变为盘右位置后仍瞄准同一目标 M，读取此时水平度盘读数 R。若 L 和 R 之差不等于 180°，它与 180°的差数就是视准轴不垂直于横轴的误差的两倍，称为两倍视准轴误差，用 $2C$ 表示。

2. 校正

此时仪器处于盘右位置，转动照准部的微动螺旋，使水平度盘的读数变为 $R+C$，那么，此时十字丝的交点必然偏离 M 点，利用十字丝环的左右两个校正螺丝，先松一个，再拧紧另一个，移动十字丝交点，使它重新对准 M 点。这项检验与校正往往要重复 2～3 次。

（五）横轴垂直于竖轴的检验和校正

1. 检验

在离一高目标 20～30m 处安置仪器，首先在盘左位置瞄准一高目标点 P，然后将望远镜放平，在墙上标出十字丝交点对着的一点 P_1；倒转望远镜，使仪器变为盘右位置，再瞄准高处目标 P 点，将望远镜放平，在墙上又标出一点 P_2。如果 P_1 和 P_2 重合，说明仪器的横轴垂直于竖轴，否则，需要进行校正。

2. 校正

找出 P_1 和 P_2 中点 M，转动水平微动螺旋使十字丝交点对准 M 点，然后抬高望远镜，此时十字丝交点必然偏离 P 点。打开右支架处横轴端的护盖，移动支承水平轴的偏心架，使十字丝交点瞄准 P 点。

五、记录格式

见表 1-7

表 1-7　C 角误差检校记录表

时间：　　　年　　月　　日　　　　天气：　　　　　成像：

仪器及编号：　　　　　　　　　　　观测者：　　　　记录者：

目　标	盘左读数 ° ′ ″	盘右读数 ° ′ ″	2C 值 ′ ″	备　注

六、注意事项

(1)检校经纬仪时，必须按上述的规定顺序进行，不能颠倒。检验与校正应反复进行，直到满足条件为止。

(2)进行 C 角误差检验时所选取的目标应大致水平。

(3)由于初学者缺乏经验，校正应在教师或专业技术人员的指导下进行。

七、思考题

1. 给出竖轴、横轴、管水准轴及视准轴的定义。
2. 经纬仪各轴系之间应满足什么条件？
3. 进行管水准轴垂直于竖轴的校正时为什么只校正气泡偏离中心的一半？
4. 进行 C 角误差检验时所选取的目标为什么应大致水平？

实验九　全站仪的认识

一、目的和要求

(1)了解索佳 SET 220K 全站仪的结构与组成。

(2)了解索佳 SET 220K 全站仪的功能。

(3)掌握索佳 SET 220K 全站仪的基本操作。

二、仪器和工具

全站仪 1 台，对中杆 1 根，棱镜 1 个，记录板 1 块。

三、实验内容

全站仪的认识。

四、实验方法与步骤

1. 索佳 SET 220K 全站仪的部件名称

索佳 SET 220K 全站仪的各部件名称如图 1-8 所示。

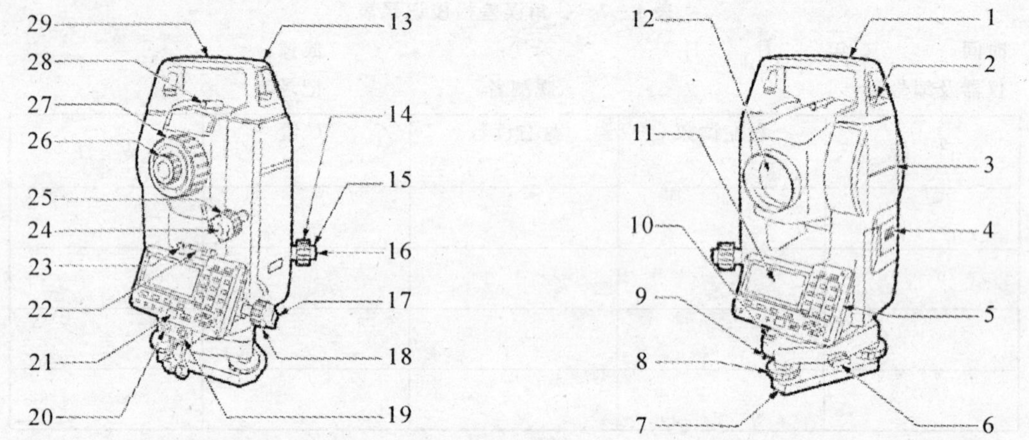

图 1-8　索佳 SET 220K 全站仪示意图

1—提柄；　2—提柄固紧螺丝；　3—仪器高标志；
4—电池盒盖；　5—操作面板；　6—三角基座制动控制杆；
7—底板；　8—脚螺旋；　9—圆水准器校正螺丝；
10—圆水准器；　11—显示窗；　12—物镜；
13—管式罗盘插口；　14—光学对中器调焦环；　15—光学对中器分划板护盖；
16—光学对中器目镜；　17—水平制动钮；　18—水平微动手轮；
19—数据通讯插口；　20—外接电源插口；　21—遥控键盘感应器；
22—长水准管；　23—长水准管校正螺丝；　24—垂直制动钮；
25—垂直微动手轮；　26—望远镜目镜；　27—望远镜调焦环；
28—粗照准器；　29—仪器中心标志

2. 索佳 SET 220K 全站仪的基本操作

(1)开机和关机。

{ON}:打开仪器电源；

{ON}+{☼}:关闭仪器电源。

(2)显示窗和键盘照明。

{☼}:打开或关闭显示窗和键盘背光。

(3)软键操作。软键功能显示于屏幕底行：

{F1}～{F4}:按{F1}～{F4}选取软键对应的功能；

{FUNC}:测量菜单翻页。

(4)字母数字输入。

{SFT}:在输入字母或数字间进行切换；

{1}～{9}:在输入数字时，输入按键对应的数字；在输入字母时，输入按键上方对应的字母；

{.}:输入数字中的小数点；

{±}:输入数字中的正负号；

{▲}/{▼}:上、下移动光标；

{◀}/{▶}:左、右移动光标或选取其他选项；

{ESC}:取消输入；

{BS}:删除光标左侧的一个字符；

{↵}:选取选项或确认输入的数据；

(5)转换模式。

{CNFG}:从状态模式进入配置模式；

{测量}:从状态模式进入测量模式；

{内存}:从状态模式进入内存模式；

{ESC}:从各模式返回状态模式。

3. 索佳 SET 220K 全站仪的文件操作

可进行文件的选取、更名、删除等操作。共有 10 个文件可供选用，10 个文件名分别为“JOB1”～“JOB10”，文件名可根据需要进行更改。

(1)文件选取：

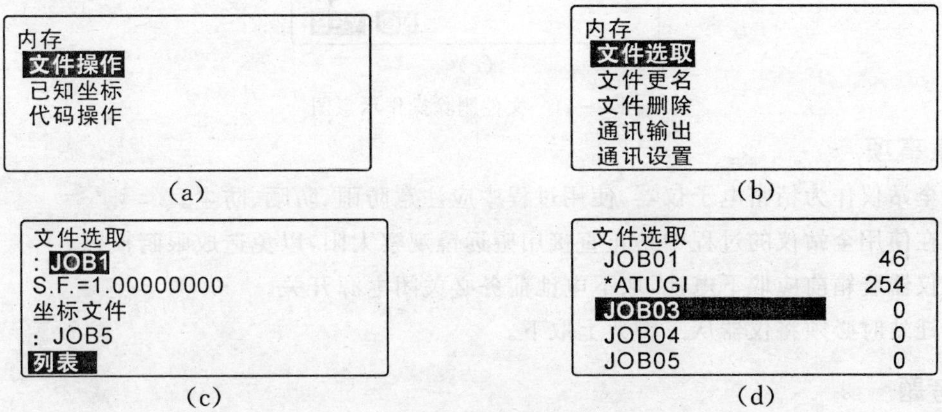

图 1-9　文件选取操作示意图

①在内存模式下选取“文件操作”，如图 1-9(a)所示；

②选取“文件选取”进入文件选取操作菜单屏幕，如图 1-9(b)所示；

③按[列表]键列出文件名表，如图 1-9(c)所示；

④将光标移至所需文件名上后，按{↵}键将该文件选取为当前文件，如图 1-9(d)所示。

(2)文件更名：

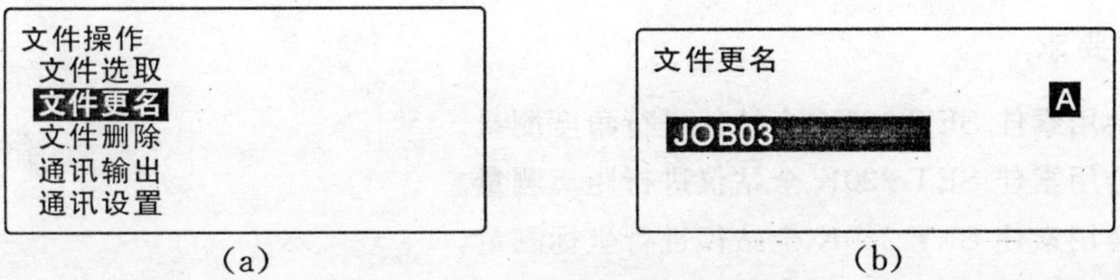

图 1-10　文件更名操作示意图

①在内存模式下选取“文件操作”，然后选取“文件更名”进入文件更名操作菜单屏幕，如图 1-10(a)所示；

②将待更名文件选取为当前文件，如图 1-10(b)所示；

③输入新的文件名后按{?}键完成更名操作返回文件操作屏幕。

(3)文件删除：

①在内存模式下选取“文件操作”，选取“文件删除”进入文件删除操作菜单屏幕，如图 1-11(a)所示)；

②将光标移至待删除文件名上后按{?}键，如图 1－11(b)所示)；

③按{YES}键删除所选文件返回文件选取屏幕，如图 1－11(c)所示。

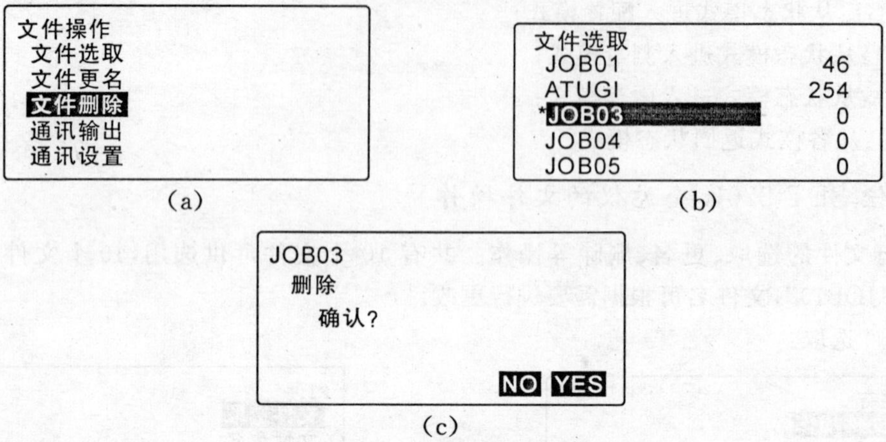

图 1－11　文件删除操作示意图

五、注意事项

(1)全站仪作为精密电子仪器，使用过程中应注意防雨、防晒、防尘。

(2)在使用全站仪的过程中禁止直接用望远镜观察太阳，以免造成眼睛损伤。

(3)仪器装箱前应取下电池，取下电池前务必关闭电源开关。

(4)迁站时必须将仪器从三脚架上取下。

六、思考题

1. 全站仪是由哪些部件所组成的?

2. 全站仪具有哪些功能?

3. 如何进行文件的选取、更名和删除?

实验十　全站仪的使用

一、目的和要求

(1)学会用索佳 SET 220K 全站仪进行角度测量。

(2)学会用索佳 SET 220K 全站仪进行距离测量。

(3)学会用索佳 SET 220K 全站仪进行坐标测量。

二、仪器和工具

全站仪 1 台，对中杆 1 根，棱镜 1 个，记录板 1 块。

三、实验内容

用全站仪进行角度测量、距离测量与坐标测量。

四、实验方法与步骤

1. 用索佳 SET 220K 全站仪进行角度测量

(1)零方向水平度盘读数配置为零的角度测量步骤：

①全站仪对中、整平后，先瞄准第一个目标点，在测量模式第一页菜单下按[置零]键，在[置零]闪动时再次按下该键，此时第一个目标点的方向值已被设置为“0°”；

②瞄准第二个目标点，所显示的水平角值“HAR”即为两目标点间的夹角。

(2)零方向水平度盘读数配置不为零的角度测量步骤：

①全站仪对中、整平后，先瞄准第一个目标点，在测量模式第二页菜单下按[设角]键并选取“角度定向”，输入已知方向值后按[OK]键，此时屏幕所显示水平角值为所输入值，即第一个目标点的方向值已被设置为所输入角值；

②瞄准第二个目标点，所显示的水平角值“HAR”即为第二个目标点的方向值，该值与第一个目标点的设置值之差为两目标点间的夹角。

2. 用索佳 SET 220K 全站仪进行距离测量

(1)测距参数设置。在测量模式第二页菜单下按[EDM]键进入测距参数设置(如图 1-12 所示)，可设置如下参数：

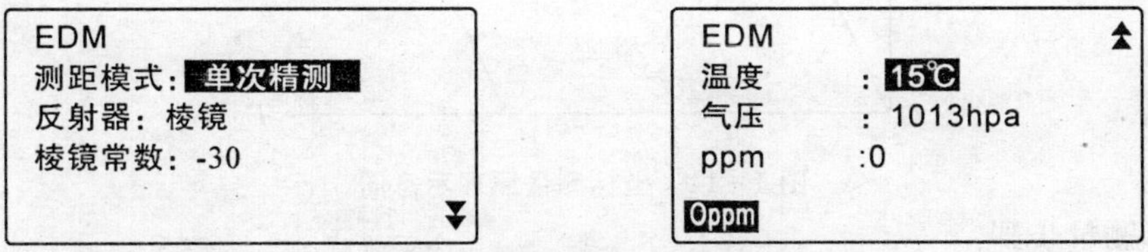

图 1-12　测距参数设置示意图

①测距模式：有重复精测、均值精测、单次精测、单次粗测、跟踪测量 5 种模式可供选择；

②反射器：有棱镜、反射片两种类型可供选择；

③棱镜常数改正值：其设定范围是－99～99mm；

④温度：其设定范围是－30～60℃；

⑤气压：其设定范围是 500～1 400hPa 或 375～1 050mmHg；

⑥气象改正数 ppm：可通过设置温度和气压由仪器自动计算所得，也可直接输入，其设定范围是－499～499mm。

(2)测距步骤：

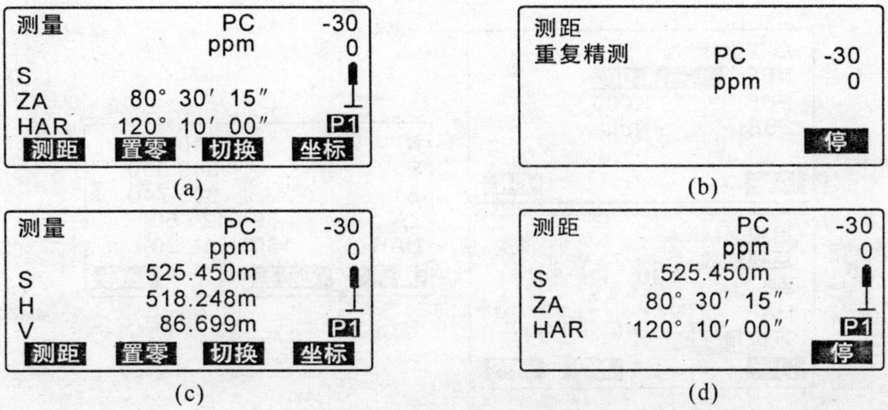

图 1-13　测距步骤示意图

①分别安置好全站仪和棱镜后，用十字丝交点瞄准棱镜中心；

②在测量模式第一页菜单下按[测距]键开始距离测量，测距开始后，仪器闪动显示测距模式、棱镜常数改正值、气象改正值等信息，如图 1－13(a)、图 1－13(b)所示；

③按[停]键停止距离测量，按[切换]键可使距离值的显示在斜距“*S*”、平距“*H*”和高差“*V*”之间转换，如图 1－13(c)、图 1－13(d)所示。

3. 用索佳 SET 220K 全站仪进行坐标测量

(1)坐标测量原理。在输入测站点坐标、仪器高、目标高和完成后视坐标方位角定向后，用坐标测量功能可以测定目标点的三维坐标(如图 1－14 所示)。

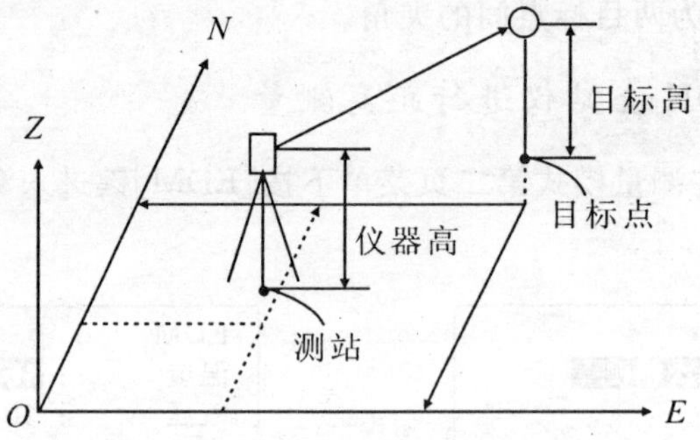

图 1－14　坐标测量原理示意图

(2)坐标测量步骤：

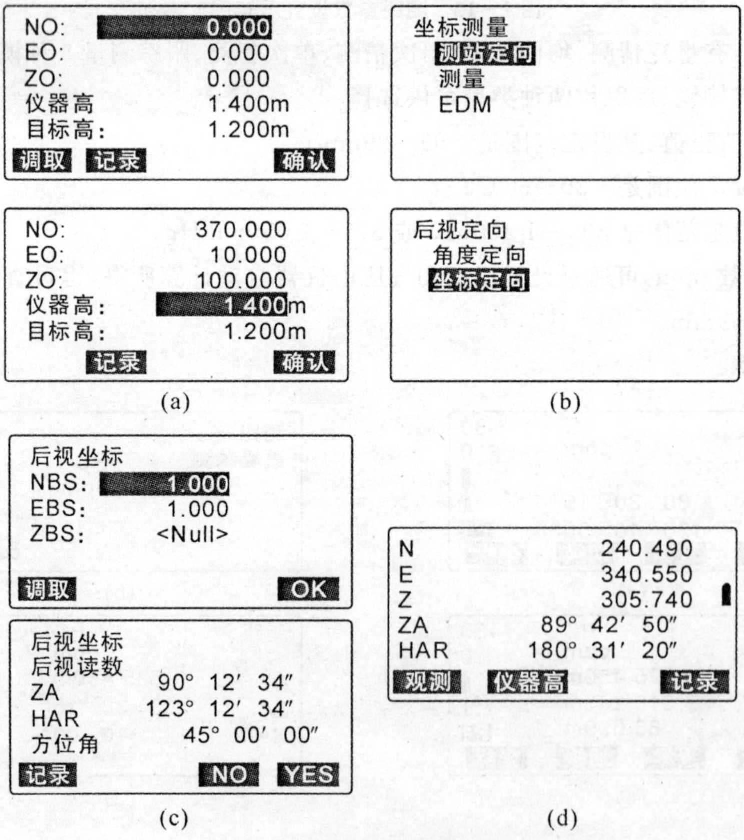

图 1－15　全站仪坐标测量步骤示意图

①安置好全站仪与棱镜后，量取仪器高与目标高；

②如图 1-15(a)所示，在测量模式第一页菜单下按[坐标]键进入坐标测量屏幕。选取“测站定向”后选取“测站坐标”，输入测站坐标、仪器高和目标高数据，按[确认]键确认输入的数据；

③如图 1-15(b)、图 1-15(c)所示，在坐标测量屏幕下选取“测站定向”后选取“后视定向”，再选择“坐标定向”。输入后视点坐标后按[OK]键，由测站点和后视点坐标反算的方位角值显示在屏幕上。按[YES]键完成后视坐标方位角的设置；

④如图 1-15(d)所示，用十字丝交点瞄准棱镜中心，在坐标测量屏幕下选取“测量”开始坐标测量，屏幕上显示出所测目标点的坐标值。

五、记录格式

见表 1-8。

表 1-8　距离测量记录手簿

时间：　　年　　月　　日　　天气：　　成像：

仪器及编号：　　观测者：　　记录者：

距离起止	测回数	距离读数 1	距离读数 2	距离读数 3	距离读数 4	距离平均值
____至____	第____测回					
____至____	第____测回					
____至____	第____测回					
____至____	第____测回					
____至____	第____测回					
____至____	第____测回					
____至____	第____测回					

六、注意事项

(1)进行测距前必须设置好各项测距参数。

(2)测距完成后注意区分斜距与平距，一般来说，记录的距离值是指平距。

(3)测距时要求用十字丝交点瞄准棱镜中心。

(4)进行坐标测量时，在输入后视点坐标后按[OK]键前一定要检查是否精确瞄准后视点。

七、思考题

1. 测距时如何设置各项测距参数?
2. 什么叫斜距? 什么叫平距? 二者有何区别?
3. 用索佳 SET220K 全站仪进行测距的步骤是什么?
4. 坐标测量的原理是什么?
5. 用索佳 SET220K 全站仪进行坐标测量的步骤是什么?

实验十一 测距加常数的测量

一、目的和要求

(1)了解测距加常数的测量原理。

(2)掌握索佳 SET220K 全站仪的测距加常数的简易测量方法。

二、仪器和工具

全站仪 1 台,三脚架 1 副,对中杆 1 根,棱镜 1 个,记录板 1 块。

三、实验内容

测量全站仪的测距加常数。

四、实验方法与步骤

如图 1－16 所示,测距加常数的测量步骤如下。

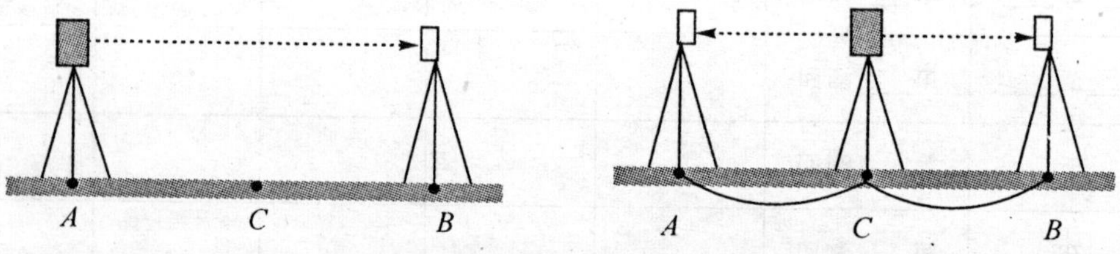

图 1－16 测距加常数的测量示意图

(1)在一平坦场地上选择相距约 100m 的两点 A 和 B,分别在 A、B 上架设仪器和棱镜,同时定出中点 C。

(2)精确测定 A、B 点间水平距离 10 次并计算其平均值。

(3)将仪器移至 C 点,在 A 点和 B 点上架设棱镜。

(4)精确测定 CA 和 CB 的水平距离 10 次,分别计算平均值。

(5)按下面的公式计算测距加常数:$K=AB-(CA+CB)$。

(6)重复步骤(1)～(5)测定测距加常数 2～3 次。

五、记录格式

见表 1－9。

表 1－9 测量测距加常数记录手簿

时间：　　　　年　　月　　日　　　　　　天气：　　　　　成像：

仪器及编号：　　　　　　　　　　　　　　观测者：　　　　记录者：

距离起止	距离读数	距离读数	距离读数	距离读数	距离读数	距离平均值
A 至 B						
B 至 A						
C 至 A						
C 至 B						
测距加常数 $K=AB-(CA+CB)=$						

六、注意事项

(1)C 点要求位于 AB 直线上，AC 和 BC 的距离大致相等。

(2)要求两次测量的测距加常数之差在 3mm 以内，否则须重新测定。

(3)不同的棱镜其测距加常数是不一样的，须分别测定。

(4)测量前将全站仪的测距参数中的加常数设置为零。

七、思考题

1. 什么叫测距加常数？
2. 测距加常数的测量原理是什么？
3. 测距加常数的测量步骤是什么？

第二章　控制测量课间实验

实验一　全站仪视准轴误差与水平轴倾斜误差的测定

一、目的与要求

(1)熟悉视准轴误差与水平轴倾斜误差产生的原因。

(2)熟练掌握采用高低点法测定视准轴误差与水平轴倾斜误差的方法和步骤。

二、仪器和工具

全站仪(2″级)1 台,准备小方纸 2 片,脚架 1 个,铅笔 1 支,记录纸 1 份,记录板 1 块。

三、实验内容

高低点法测定视准轴误差、水平轴倾斜误差及 C、i 的计算公式。

视准轴误差是视准轴与水平轴不垂直的误差。水平轴倾斜误差,也就是水平轴不垂直与垂直轴之差。现行国家规范规定用高低点法测定视准轴误差与水平轴倾斜误差。测定时,在水平方向线上、下对称的位置各设置一照准目标,水平方向线之上的目标称为高点,之下的称为低点。用盘左、盘右观测高点和低点,若观测高、低点 n 个测回,则有

$$\left.\begin{aligned} C&=\frac{1}{4n}\Big[\sum_{1}^{n}(L-R)_{\text{高}}+\sum_{1}^{n}(L-R)_{\text{低}}\Big]\cos\alpha \\ i&=\frac{1}{4n}\Big[\sum_{1}^{n}(L-R)_{\text{高}}+\sum_{1}^{n}(L-R)_{\text{低}}\Big]\cot\alpha \end{aligned}\right\}$$

国家规范规定,对于 1″级仪器,C、i 的绝对值都应小于 10″,对于 2″级仪器应小于 15″。

四、实验方法与步骤

(1) 在距离某一目标(墙面)大约 20～30m 处架设全站仪,对中整平。

(2) 在准备好的小方纸片上用铅笔画一小十字丝,然后将小方纸片贴在水平方向线上下的对称位置上作为照准目标,使目标高度角为±3°,高低点目标位于同一垂线上(由观测者指挥完成)。

(3) 视准轴误差与水平轴倾斜误差的测定:

①高低点两点间垂直角的测定;

②高低点两点间水平角的测定;

③按上述公式计算 C 和 i。

五、记录格式

见表 2－1、表 2－2。

表 2－1　高、低点间垂直角的测定

仪器：　　　　　　　　　　　　年　　　月　　　日

测回	照准点	读数		指标差	垂直角
		盘　左(L)	盘　右(R)		
Ⅰ	高点				
Ⅱ	高点				
Ⅲ	高点				
Ⅰ	低点				
Ⅱ	低点				
Ⅲ	低点				

高点垂直角的平均值：

低点垂直角的平均值：

表 2－2　高、低点两点间水平角的测定

仪器：　　　　　　　　　　　年　　　月　　　日

度盘位置	照准点	读数		2C (左－右 ±180°)	[左＋(右 ±180°)]/2	角度
		盘　左(L)	盘　右(R)			
顺 0°	1 低点					
	2 高点					
顺 30°	1 低点					
	2 高点					
顺 60°	1 低点					
	2 高点					
顺 90°	1 低点					
	2 高点					
顺 120°	1 低点					
	2 高点					
顺 150°	1 低点					
	2 高点					

六、注意事项

(1)全站仪安放到三脚架上后必须立即将中心连接螺旋旋紧，以防仪器从脚架上掉下摔坏。

(2)开箱后先看清仪器放置情况及箱内附件情况，用双手取出仪器并随手关箱。

(3)转动各螺旋时要稳、轻、慢，用力不能太大。仪器旋钮不宜拧得过紧，微动螺旋只能用到适中位置，不宜太过头。螺旋转到头要返转回来少许，切勿继续再转，以防脱扣。

(4)仪器装箱一般要松开水平制动螺旋，试着合上箱盖，不可用力过猛，以免压坏仪器。

七、思考题

1. 视准轴误差和水平轴倾斜误差分别是什么？

2. 高低法测定视准轴误差和水平轴倾斜误差的原理是什么？

3. 如何消除垂直角的指标差？

4. 当垂直角远大于 3°时，该实验会出现什么现象？

实验二　水平方向观测

一、目的与要求

(1)掌握精密全站仪的光学对中与整平的方法。

(2)掌握方向观测法、记录和计算的方法和步骤。

(3)要求每个学生能观测一个测回的方向观测成果。

二、仪器和工具

全站仪(2″级)1 台，铅笔 1 支，记录纸 1 份，记录板 1 块。

三、实验内容

3～4 个水平方向观测方法的操作。

四、实验方法与步骤

方向观测法的特征是在一个测目中把测站上所有要观测的方向逐一照准进行观测，并在水平度盘上读数，求出各方向的方向观测值。三角网计算时所需要的水平角均可从有关的两个方向观测值相减得出。

如图 2-1 所示。设在测站上有 1，2，…，n 个方向要观测，并选定边长适中、通视条件良好、成像清晰稳定的方向 1 作为观测的起始方向(又称零方向)。上半测回用盘左位置先照准零方向，然后按顺时针方向转动照准部依次照准方向 2，3，…，n 再闭合到方向 1，并分别在水平度盘上读数。下半测回用盘右位置，仍然先照准零方向 1，然后逆时针方向转动照准部接相反次序照准方向 n，…，2，1，并分别在水平度盘上读数。

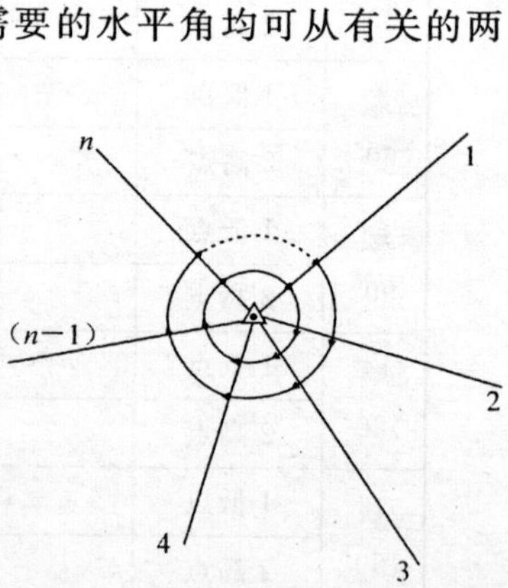

图 2-1　方向法观测示意图

除了观测方向数较少(规范规定不大于 3)的站以外，一般都要求每半测回观测闭合到起始方向(如以上所述的观测程序)，以检查观测过程中水平度盘有无方位的变动。此时每半测回观测构成一个闭合圆，所以这种观测方法又称为全圆方向观测法。

方向观测法的观测测回数，是根据三角测量的等级和所用仪器的类型确定的，见表 2-3。

表 2－3　方向观测法的测回数

仪器	二等	三等	四等
	测回数		
1″级	15	9	6
2″级		12	9

(1)按全圆方向观测法用 2″级全站仪观测，在每半测回观测结束时，应立即计算归零差，即对零方向闭合照准和起始照准时的读数差，以检查其是否超过限差规定(按四等精度，对于 1″级仪器归零差为 6″，对于 2″级仪器归零差为 8″)。

(2) 当下半测回观测结束时，除应计算下半测回的归零差外，还应计算各方向盘左、盘右的读数差，即计算各方向的 2*C* 值，以检核一测回中各方向的 2*C* 互差是否超过限差规定(按四等精度，对于 1″级仪器 2*C* 互差为 9″，对于 2″级仪器 2*C* 互差为 13″)。如各方向的 2*C* 值互差符合限差规定，则取各方向盘左、盘右读数的平均值，作为这一测回中的方向观测值。对于零方向有闭合照准和起始照准两个方向值，一般取其平均值作为零方向在这一测回中的最后方向观测值。将其他方向的方向观测值减去零方向的方向观测值，就得到归零后各方向的方向观测值，此时零方向归零后的方向观测值为 0°00′00.0″。

(3) 将不同度盘位置的各测回方向观测值都进行归零，然后比较同一方向在不同测回中的方向观测值，它们的互差应小于规定的限差，一般称这种限差为“测回差”(按四等精度，同一方向各测回 2*C* 互差对于 1″级仪器为 6″，对于 2″级为 9″)。

五、记录格式

见表 2－4。

表 2－4　水平方向观测手簿

仪器：　　　　观测者：　　　　记录者：

日期：　　　　成像：　　　　测站：

方向号数及照准目标	读			数			2*C*(左－右)	$\frac{1}{2}$[左＋(右±180°)]	方向值	附注
	盘　左(L)			盘　右(R)						
	°　′	″	″	°　′	″	″	″	″	°　′　″	

六、注意事项

(1) 全站仪安放到三脚架上后必须立即将中心连接螺旋旋紧，以防仪器从脚架上掉下摔坏。

(2) 开箱后先看清仪器放置情况及箱内附件情况，用双手取出仪器并随手关箱。

(3) 转动各螺旋时要稳、轻、慢，不能用力太大。仪器旋钮不宜拧得过紧，微动螺旋只能用到适中位置，不宜太过头。螺旋转到头要返转回来少许，切勿继续再转，以防脱扣。

(4)仪器装箱一般要松开水平制动螺旋，试着合上箱盖，不可用力过猛，以免压坏仪器。

七、思考题

1. 方向法观测的基本原理是什么？

2. 一个测回内在瞄准各方向时能否调焦？为什么？

3. 什么是一测回 $2C$ 互差和各测回同一方向 $2C$ 互差？

4. 一测站各方向中有多少方向超限需重测该测站的所有观测方向？

5. 水平角观测有哪些误差来源？

6. 水平角观测的精度评定方法是什么？

实验三　六段解析法测定全站仪的加常数

一、目的与要求

(1)掌握全站仪加常数测定的原理与方法。

(2)会正确使用全站仪进行六段解析法测距。

(3)会用六段解析法计算全站仪的加常数。

二、仪器和工具

全站仪(2″级)1 台，单棱镜 1 套，铅笔 1 支，记录纸 1 份，记录板 1 块。

三、实验内容

(1)六段解析法测距的观测方法。

(2)全站仪加常数的计算方法。

四、实验方法与步骤

六段解析法是一种不需要预先知道测线的精确长度而采用电磁波测距仪本身的测量成果，通过平差计算求定加常数的方法。其基本做法是设置一条直线（其长度为几百米至1km)，将其分为六段，如图 2-2 所示。

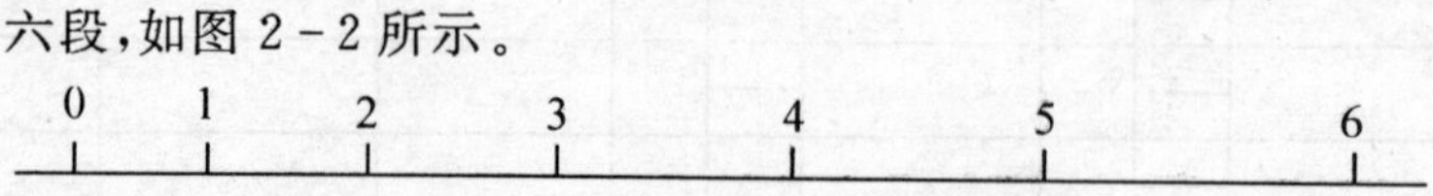

图 2-2　六段法测距示意图

具体作业步骤如下：

(1) 在平坦的地面上设置一条线，分成六段（各段距离可以不相等），按照全组合测距法，共需观测 21 个距离值，即 D_{01}、D_{02}、D_{03}、D_{04}、D_{05}、D_{06}；D_{12}、D_{13}、D_{14}、D_{15}、D_{16}；D_{23}、D_{24}、D_{25}、D_{26}；D_{34}、D_{35}、D_{36}；D_{45}、D_{46}；D_{56}。

(2)选择近似距离 $D_{01}^0 \sim D_{06}^0$。选择时尽量接近量测值，以保证计算方便、准确，并计算出 $D_{12}^0 \sim D_{16}^0, D_{23}^0 \sim D_{26}^0, D_{34}^0 \sim D_{36}^0, D_{45}^0 \sim D_{46}^0$ 及 D_{56}^0 的近似值，如 $D_{12}^0 = D_{02}^0 - D_{01}^0$，等等。

(3)计算误差方程式的常数项 L_i：

$$L_i = D_i^0 - D_i$$

(4)列误差方程式：

$$V_i = -K + V_i^0 + L_i$$

(5)组成并解算法方程。

(6)按间接平差计算单位权中误差的公式计算一次测距误差 md。

(7)计算加常数测定中误差 mk。

五、记录格式

见表 2-5。

表 2-5 六段解析法测距记录表

仪器：　　　　　　　　　　年　　月　　日

测段	近似值 D_i^0(m)	量测值 D_i(m)	差值$[L_i = (D_i^0 - D_i)]$(mm)	改正后量测值 $D_i' = (D_i + K)$(m)	平差值$[\overline{D} = (D_i^0 + V_i^0)]$(m)	$V_i = (\overline{D}_i - D_i)$(m)
0—1						
0—2						
0—3						
0—4						
0—5						
0—6						
1—2						
1—3						
1—4						
1—5						
1—6						
2—3						
2—4						
2—5						
2—6						
3—4						
3—5						
3—6						
4—5						
4—6						
5—6						

六、注意事项

(1)全站仪安放到三脚架上后必须立即将中心连接螺旋旋紧,以防仪器从脚架上掉下摔坏。

(2)转动各螺旋时要稳、轻、慢,不能用力太大。仪器旋钮不宜拧得过紧,微动螺旋只能用到适中位置,不宜太过头。螺旋转到头要返转回来少许,切勿继续再转,以防脱扣。

(3)仪器装箱一般要松开水平制动螺旋,试着合上箱盖,不可用力过猛,以免压坏仪器。

(4)皮尺量取各段近似距离时,尽量将皮尺拉平并保持在一条水平线上。

(5)测各段距离,各组在使用棱镜时需要是同一棱镜。

七、思考题

1.六段解析法测定全站仪加常数的基本原理是什么?

2.一个测站测定各段距离时,为何要使视线在同一方向上?

3.测定各段距离时,棱镜为何要是同一棱镜?不是同一棱镜对测距有何影响?

4.在测定全站仪加常数时,考虑棱镜加常数吗?为什么?

实验四　全站仪测距

一、目的与要求

(1)掌握全站仪测距的原理与方法。

(2)会正确使用全站仪测距。

(3)要求每个小组能按本实验给出的表格测定 A、B 两点的距离。

二、仪器和工具

全站仪(2″级)1 台,单棱镜 1 套,记录纸 1 份,记录板 1 块。

三、实验内容

全站仪测距的观测。

四、实验方法与步骤

(1)各等级平面控制网测边测距的技术要求见表 2-6,表 2-7。

表 2-6　红外光电测距仪的各项限差

项目 仪器等级	一测回读数较差(mm)	单程测回间较差(mm)	往返或不同时间段较差
Ⅰ级	5	7	$2(a+b\cdot D)$
Ⅱ级	10	15	
Ⅲ级	20	30	

注:往返较差必须将斜距化算到同一水平面上方可进行比较。

表 2－7　各等级平面控制网测边测距的技术要求

控制网等级	测距仪等级	时间段	往返次数	总测回数	备　注
二等	Ⅰ	2	1	6	①* 须用≤±$(5\text{mm}+3\times10^{-6}D)$的Ⅱ级测距仪。 ②一测回的含义是照准目标一次，一般读数 4 次，可根据仪器出现的离散程度和大气透明度作适当增减。 ③时间段是上午、下午和不同的白天。四等和四等以上，往返测应分别在不同的时间段；四等以下不受限制，可根据仪器的精度和稳定性，采取往返或单向观测。
	Ⅱ*			8	
三等	Ⅰ	2	1	6	
	Ⅱ			8	
四等	Ⅰ	2	1	4	
	Ⅱ*			6	
一级	Ⅱ	1		2	
	Ⅲ			4	
二、三等	Ⅱ	1		1～2	
	Ⅲ			2	

(2)按所借全站仪进行测距操作。

五、记录格式

见表 2－8，表 2－9。

表 2－8　全站仪测距

仪器：　　　观测者：　　　记录者：　　　日期：　　　成像：　　　仪器高：

照准目标	次序	距离读数	照准目标	次序	距离读数
	1			1	
	2			2	
	3			3	
	4			4	
	中数			中数	
	1			1	
	2			2	
	3			3	
	4			4	
	中数			中数	
	1			1	
	2			2	
	3			3	
	4			4	
	中数			中数	
	中数			中数	

表 2-9 垂直角观测

仪器：　　　　　　　　　　年　　月　　日

测回	照准点	读数		指标差	垂直角
		盘左(L)	盘右(R)		
Ⅰ					
Ⅱ					
Ⅲ					
Ⅰ					
Ⅱ					
Ⅲ					

六、注意事项

(1)全站仪安放到三脚架上后必须立即将中心连接螺旋旋紧，以防仪器从脚架上掉下摔坏。

(2)转动各螺旋时要稳、轻、慢，用力不能太大。仪器旋钮不宜拧得过紧，微动螺旋只能用到适中位置，不宜太过头。螺旋转到头要返转回来少许，切勿继续再转，以防脱扣。

(3)仪器装箱一般要松开水平制动螺旋，试着合上箱盖，不可用力过猛，以免压坏仪器。

(4)距离观测时，每个同学至少观测两次。

(5)测距离时，正确记录垂直角数据。

七、思考题

1.全站仪测距的基本原理是什么？

2.全站仪测距有哪些误差来源？

3.测定两点间距离时，何种情况下需考虑气象改正？

4.测距精度的评定公式是什么？

实验五　水准仪 i 角误差的检验与校正

一、目的与要求

(1)掌握精密水准仪 i 角误差的检验与校正的方法和步骤。

(2)要求每个小组能按本实验给出的表格测定出所用仪器的 i 角误差。

二、仪器和工具

精密水准仪 1 台，水准尺 1 对，记录纸 1 份，记录板 1 块。

三、实验内容

水准仪 i 角误差的检验。

四、实验方法与步骤

i 角是指水准轴和视准轴在垂直面上的投影不平行而成的夹角。测定 i 角的方法很多，但基本原理都相同，都是利用 i 角对水准尺上读数的影响与距离成比例这一特点，从而比较在不同距离的情况下，水准尺上读数的差别而求出 i 角。检验的步骤如下。

(1)准备。在平坦的场地上选择一长为 61.8m 的直线 J_1J_2，并将其分为长 $S=20.6\text{m}$ 的三等分(距离用钢卷尺量取)在两分点 A、B(或 J_1、J_2)处各打下一木桩，并钉一圆帽钉。

(2)观测及计算。在 J_1、J_2(或 A、B)处先后架设仪器(见图 2－3)整平仪器后，使符合水准气泡精密符合，在 A、B 标尺上各照准读数 4 次。在 J_1 设站时，令 A、B 标尺上 4 次读数的中数为 a_1 和 b_1；在 J_2 设站时为 a_2 和 b_2。若不顾及观测误差，则在 A、B 标尺上除去 i 角影响后的正确读数应为 a_1 和 b_1、a_2 和 b_2。

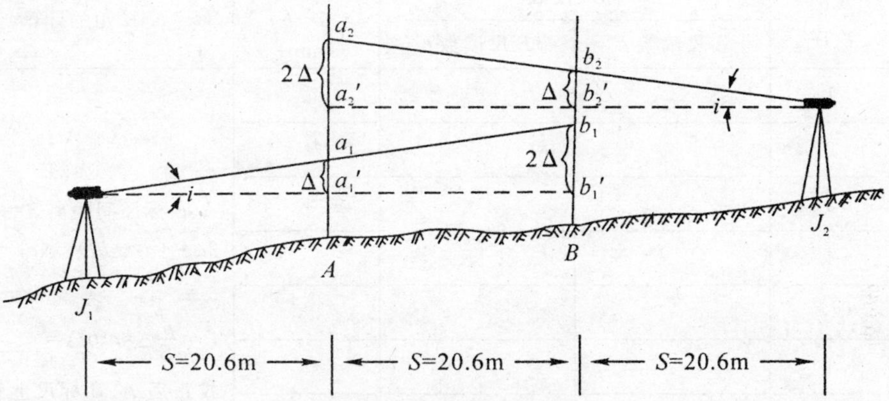

图 2－3 i 角检验示意图

在测站 J_1 和 J_2 上得到 A、B 点的正确高差分别为：

$$\left.\begin{aligned} h_1'&=a_1'-b_1'=(a_1-\Delta)-(b_1-2\Delta)=a_1-b_1+\Delta \\ h_2'&=a_2'-b_2'=(a_2-2\Delta)-(b_2-\Delta)=a_2-b_2-\Delta \end{aligned}\right\}$$

$$2\Delta=(a_2-b_2)-(a_1-b_1)$$

$$2\Delta=h_2-h_1$$

$$\Delta=\frac{1}{2}(h_2-h_1)$$

由表 2－10 中，图 2－3 知

$$\Delta=i''S\frac{1}{\rho''}，故\ i''=\frac{\rho''}{S}\Delta$$

为了简化计算，测定时使 $S=20.6\text{m}$，则

$$i''=10\Delta$$

(3)校正。水准规范规定，用于精密水准测量的仪器，如果 i 角大于 15″，则需要进行校正。校正在 J_2 测站上进行。先求出水准标尺 A 上的正确读数中 $a_2'=a_2-2\Delta$，使用测微螺旋和倾斜螺旋，使水准标尺 A 上的读数为 a_2'，此时水准器气泡影像分离，校正水准器的上下改正螺旋，使气泡两端影像恢复符合为止，然后检查另一水准尺 B 上的读数是否正确(其正确读数为 $b_2'=b_2-\Delta$)，否则还应反复进行检查校正。在校正水准器的改正螺旋时应先松开一个改正螺旋，再拧紧另一改正螺旋，不可将上下两个改正螺旋同时拧紧或同时松开。

测定 i 角时，必须尽量保证在整个检验过程中，i 角不应有变化，也不应有其他误差影响。但实际上由于温度的变化，i 角可能发生变化，所以最好在阴天测定。

五、记录格式

见表 2－10。

表 2－10　i 角的检验

仪器：　　　　　　线条式因瓦标尺　　　　　观测者：
时间：　　　　　　标尺：　　　　　　　　　记录者：
日期：　　　　　　成像：　　　　　　　　　检查者：

仪器站	观测次序	标尺读数		高差 $a-b$ (mm)	i 角的计算
		A 尺读数 a	B 尺读数 b		
J_1	1				A、B 标尺间距离 $S=20.6\text{m}$ $2\Delta=(a_2-b_2)-(a_1-b_1)=$____ $i''=\frac{\rho''}{S}\Delta\approx10''\Delta=$____ 校正后 A、B 标尺上正确的读数 a_2'、b_2' 为：$a_2'=a_2-2\Delta$，$b_2'=b_2-\Delta$
	2				
	3				
	4				
	中数				
J_2	1				
	2				
	3				
	4				
	中数				

六、注意事项

(1)水准仪安放到三脚架上后必须立即将中心连接螺旋旋紧，以防仪器从脚架上掉下摔坏。

(2)转动各螺旋时要稳、轻、慢，用力不能太大。仪器旋钮不宜拧得过紧，微动螺旋只能用到适中位置，不宜太过头。螺旋转到头要返转回来少许，切勿继续再转，以防脱扣。

(3)仪器装箱一般要松开水平制动螺旋，试着合上箱盖，不可用力过猛，以免压坏仪器。

(4)在地势平坦的地方进行三段 20.6m 距离量测时，应尽量在一条直线上。

(5)测高差时，注意满足各项限差的要求。

七、思考题

1.水准仪 i 角误差检验的基本原理是什么？

2.水准仪 i 角误差如何消除？

3.水准仪在观测水准尺时，水准尺分别向前、后、左、右倾斜对观测有何影响？

4.水准仪检验 i 角时，为何选三段 20.6m？可以任意选三段相等的距离进行 i 角检验吗？

5.水准仪校正的方法是如何操作的？

实验六　精密水准测量

一、目的与要求

(1)掌握精密水准仪的操作方法。

(2)掌握二等水准测量的观测方法、记录和计算步骤。

(3)要求每个学生至少观测两个测站的水准观测成果和记录成果，每个小组组成一个闭合水准路线。

二、仪器和工具

精密水准仪 DZ2(1 台)，水准尺 1 对，记录纸 1 份，记录板 1 块。

三、实验内容

(1)精密水准仪的操作方法。

(2)闭合水准路线的二等水准测量。

四、实验方法与步骤

1. 观测程序

在相邻测站上，按奇偶数测站的观测程序进行观测。

(1)测奇数测站：①后视基本分划；②前视基本分划；③前视辅助分划；④后视辅助分划。

(2)测偶数测站：①前视基本分划；②后视基本分划；③后视辅助分划；④前视辅助分划。

返测时，奇数测站与偶数测站的观测程序与往测时相反。奇数测站由前视开始，偶数测站由后视开始。

2. 操作步骤

以测奇数测站为例来说明在一个测站上的具体观测步骤。

(1)整平仪器。要求望远镜在任何方向时，符合水准气泡两端影像的分离不超过 1cm。

(2)将望远镜对准后视水准标尺，在符合水准气泡两端的影像分离量不大于 2mm 的条件下，分别用上下丝照准水准标尺基本分划进行视距读数，并记人记录手簿的第(1)和第(2)栏，见表 2 - 11。视距第四位由测微器直接读得。然后，使符合水准气泡两端的影象精确符合，转动测微螺旋用楔形丝照准水准标尺基本分划，并读取水准标尺基本分划和测微器读数。记人手簿的第(3)栏。测微器读数取至整格，即在测微器中不需要进行估读。

(3)旋转望远镜照准前视水准标尺，并使符合水准气泡两端的影像精确符合，用楔形丝照准水准标尺基本分划，读取基本分划和测微器读数，记人手簿第(4)栏。然后用上下丝照准基本分划进行视距读数，记人手簿第(5)和第(6)栏。

(4)用水平微动螺旋转动望远镜，照准前视水准标尺的辅助分划，使符合水准气泡两端影像精确符合，进行辅助分划和测微器读数，记人手簿第(7)栏。

(5)旋转望远镜照准后视水准标尺辅助分划，使符合水准气泡的影像精确符合，进行辅助分划和测微器读数，记人手簿第(8)栏。

以上就是一个测站上全部操作与观测过程。

五、记录格式

见表 2－11。

表 2－11　二等水准观测记录、计算(示例)

测站编号	后尺 下丝	前尺 下丝	方向及尺号	标尺读数		基＋K 一辅 (一减二)	备注
	后尺 上丝	前尺 上丝		基本分划(一次)	辅助分划(二次)		
	后距	前距					
	视距差 d	$\sum d$					
	(1)	(5)	后	(3)	(8)	(14)	
	(2)	(6)	前	(4)	(7)	(13)	
	(9)	(10)	后一前			(15)	
	(11)	(12)	h				
1	2 406	1 809	后 32	157.40	453.95	0	
	1 986	1 391	前 31	141.40	442.92	＋3	
	420	418	后一前	＋016.00	＋016.03	－3	
	＋2	＋2	h	＋0 161.015			
			后				
			前				
			后一前				
			h				
			后				
			前				
			后一前				
			h				
			后				
			前				
			后一前				
			h				
			后				
			前				
			后一前				
			h				
			后				
			前				
			后一前				
			h				
			后				
			前				
			后一前				
			h				

六、注意事项

(1)水准仪安放到三脚架上后必须立即将中心连接螺旋旋紧,以防仪器从脚架上掉下摔坏。

(2) 补偿式自动安平水准仪的操作程序与一般水准仪相同。因为没有符合水准器,故不需要进行与之有关的操作。

(3)往测与返测分别在上午与下午进行。

(4)每一站的观测结果均直接记录于手簿中,不能记录在其他纸上而后转抄。

七、思考题

1. 二等精密水准仪测量的基本原理是什么?
2. 二等精密水准测量作业的操作步骤是什么?
3. 二等精密水准测量的误差来源有哪些?采取何措施减弱其影响?
4. 何谓间歇点检验?
5. 二等精密水准测量的内业计算步骤是什么?

实验七　数字水准仪的认识及使用

一、目的和要求

(1) 了解 DNA03 数字水准仪的基本构造,熟悉其主要部件的名称和作用。

(2)了解 DNA03 数字水准仪的构造特点,及其与光学水准仪的不同之处。

(3)掌握 DNA03 水准仪的安置、瞄准与采集数据的方法。

(4)测定地面两点间高差。

二、仪器和工具

DNA03 数字水准仪 1 套,数字水准尺 2 根,记录板 1 块。

三、实验内容

(1)认识 DNA03 水准仪的构造和各操作部件的名称、作用和操作方法。

(2)练习水准仪的安置整平。

(3)练习高差的观测、数据的存储及处理方法。

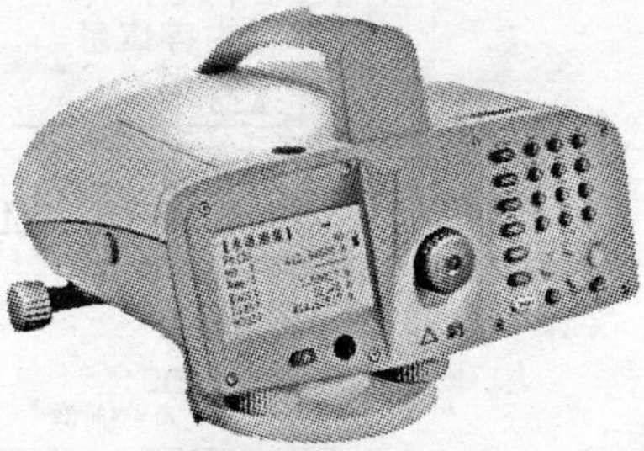

图 2-4　DNA03 数字水准仪外观图

四、实验方法与步骤

(1)安置仪器。将脚架张开,使其高度适当,架头大致水平,踩实架腿。再开箱取出仪器将其固连在三脚架上。

(2)认识仪器。指出仪器各部件的名称,了解其作用并熟悉其使用方法。DNA03 数字水准仪外观(图 2-4)。

(3)瞄准水准尺、显示读数。

(4)获取地面两点间的高差。

①首先进入水准测量的界面见(图 2-5)。

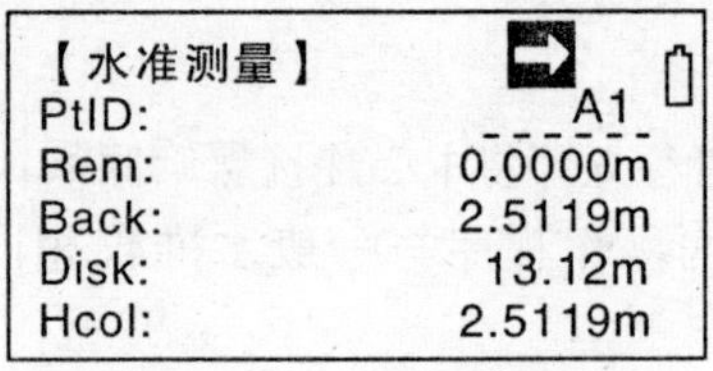

图 2-5　数字水准仪显示界面

②数字水准仪系统设置(图 2-6)。

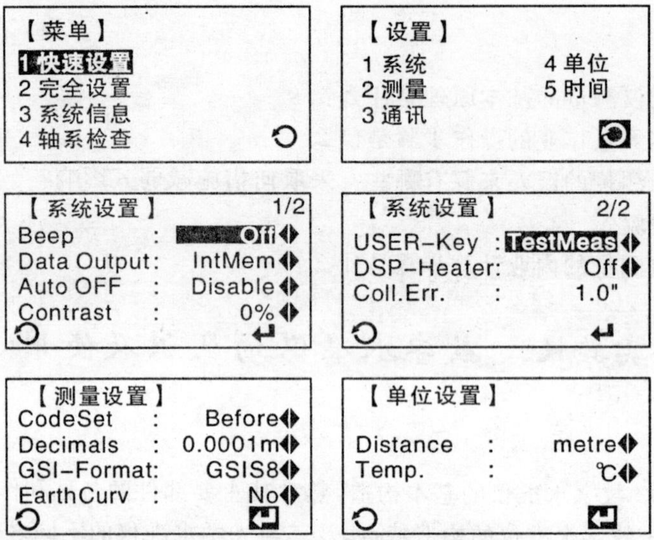

图 2-6　数字水准仪系统设置

③ 数字水准仪的数据管理(图 2-7)。

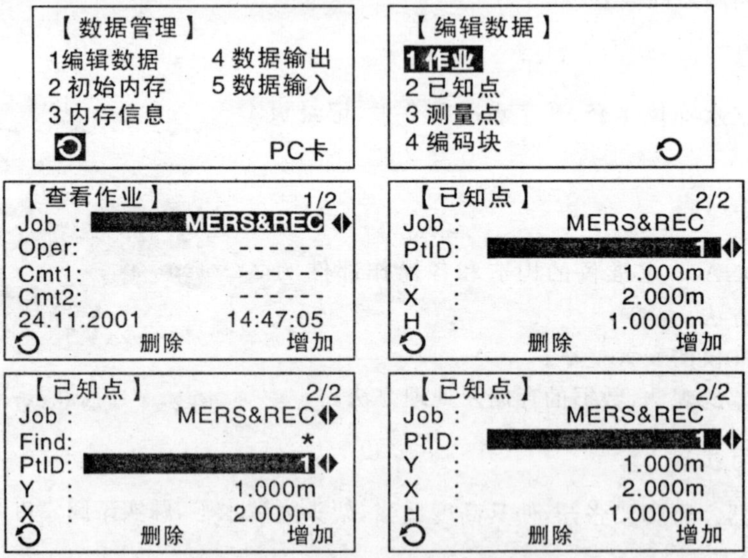

图 2-7　数字水准仪的数据管理

④按照数字水准仪的数据管理界面依次进行操作,直到数据输出结束。

五、思考题

1. 数字水准仪测量的原理是什么？它的操作有什么特点？

2. 在获取高差后,如何操作仪器内部软件判断获取的测量成果合格？

第三章 工程测量学课间实验

实验一 全站仪极坐标法点位放样

一、实验目的和要求

(1) 能根据放样点坐标数据,计算出用极坐标法放样元素。

(2) 掌握使用极坐标法进行点位放样的基本方法。

(3) 放样完毕后,都必须对所放样点位进行认真的校核。

二、实验仪器

全站仪 1 台、棱镜及棱镜杆 1 根,测钎 1 根,木桩 10 个、计算器 1 个、记录板 1 块,铅笔 1 只。

三、测量资料收集与放样方案制定

(1) 测量放样前,应从合法、有效的途径获取施工区已有的平面和高程控制成果资料。

(2)应根据现场控制点标志是否稳定完好等情况,对已有的控制点资料进行分析,从而确定是否全部或部分对控制点进行检测。

(3)如已有控制点不能满足精度要求应重新布设控制;如已有的控制点密度不能满足放样需要时应根据现有的控制点进行加密。

(4)应根据规范规定和设计的精度要求,并结合人员及仪器设备情况制定测量放样方案。其内容应包括控制点的检测与加密、放样依据、放样方法及精度估算、放样程序、人员及设备配置等。

四、放样前准备工作

(1) 阅读设计图纸。

(2) 选定测量放样方法并计算放样数据、绘制放样草图。

(3) 准备仪器和工具,使用的仪器必须在有效的检定周期内。给仪器充电,检查仪器常规设置;如单位、坐标方式、补偿方式、棱镜类型、棱镜常数、温度、气压等。

(4) 提前将控制点(包括拟用的测站点、检查点)和放样点的坐标数据输入仪器内存,并检查。

五、放样步骤

(1) 在控制点上架设全站仪并对其进行对中整平,初始化后应检查仪器设置;如气温、气压、棱镜常数等;输入(或调入)测站点的三维坐标,量取并输入仪器高,输入(调入)后视点坐标,照准后视点进行后视定向。如果后视点上有棱镜,输入棱镜高时,可以马上测量后视点的坐标和高程并与已知数据检核。

(2) 瞄准另一控制点,检查方位角或坐标;在另一已知高程点上竖棱镜或尺子,检查仪器的视线高。利用仪器自身计算功能进行计算时,记录员也应进行相应计算,以检核输入数据的正确性。

(3) 记录员根据测站点和拟放样点坐标反算出测站点至放样点的距离和方位角。

(4) 观测员转动仪器至第一个放样点的方位角，指挥司镜员移动棱镜至仪器视线方向上，测量平距 D。

(5) 计算实测距离 D 与放样距离 D' 的差值：$\Delta D=D-D'$，指挥司镜员在视线上前进或后退 ΔD。

(6) 重复过程(5)，直到 ΔD 小于放样限差。(非坚硬地面此时可以打桩)。

(7) 检查仪器的方位角值，棱镜气泡严格居中(必要时架设三脚架)，再测量一次，若 ΔD 小于限差要求，则可精确标定点位，在桩上打入一铁钉。

(8) 测量并记录现场放样点的坐标和高程，与理论坐标比较检核。确认无误后在标志旁加注记。

(9) 重复(3)～(8)的过程，放样出该测站上的所有待放样点。

(10) 如果一站不能放样出所有待放样点，可以在另一测站点上设站继续放样，但开始放样前还须检测已放出的 2～3 个点位，其差值应不大于放样点的允许偏差。

(11) 全部放样点放样完毕后，随机抽检规定数量的放样点并记录，其差值应不大于放样点的允许偏差值。

六、注意事项

(1)本指导书是根据常规放样方法编写的，放样人员必须根据实际情况，如精度要求、控制点分布、现有仪器、现场条件、计算工具等来选择测站点和放样点的测设方法。

(2)各类工程及同一工程的不同阶段、不同部位对放样点的精度要求不同，所以对测站点和放样点的精度要求也不相同。

(3)作业时要严格执行行业测量技术规范要求的限差，如果设计上有特殊要求，要按设计要求执行。

七、思考题

1. 后视点是如何定义的，对后视点的选择有什么要求？

2. 如何通过两点坐标，反算坐标方位角？阐述其过程。

3. 在桥梁工程的施工放样中，若针对桥墩或桥台的放样，是采用 GPS 放样还是选择全站仪进行放样？

实验二　全站仪角度前方交会法点位放样

一、目的和要求

(1) 了解全站仪角度前方交会法的适用条件。

(2) 掌握用角度前方交会法进行控制桩放样的详细测设方法。

二、仪器准备

全站仪 2 台(两小组各 1 台组成一个放样小组)，钢尺 2 把，棱镜杆 2 根，测钎 2 支，木桩 3 个，榔头 2 把，记录板 2 块，计算器 2 个。

三、前方交会法测设的技术要求

如图 3-1 所示为角度前方交会示意图，采用前方交会法放样点位时需组成两(多)组交会图形分别进行测站点中误差计算，测站点位之差应小于 $M_P/\sqrt{2}$，其中 M_P 为进行前方交会法观测的点位中误差计算公式(M_P 的计算公式见精度评定部分)，并参照表 3-1 的技术要求进行。

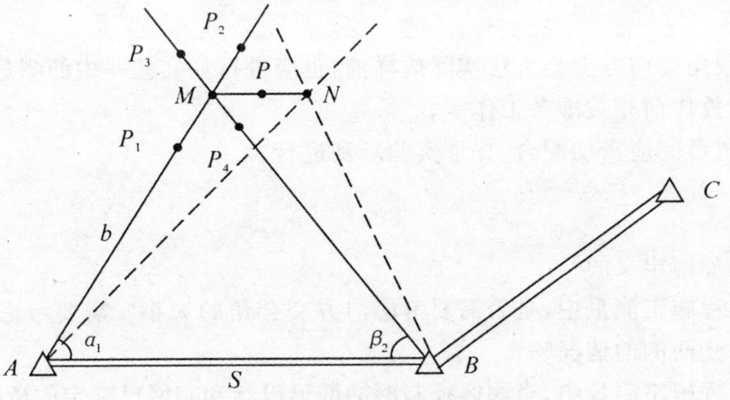

图 3-1 角度前方交会法示意图

表 3-1 角度前方交会法观测的技术要求表

精度要求(mm)	角度前方交会		
	测角中误差(″)	交会边长(m)	交会角(°)
±3	±1.0 ±1.8	≤200	30～120 60～120
±5	±1.8 ±2.5	≤250	40～140 60～120

四、全站仪角度前方交会放样的步骤

如图 3-1 所示，已知 A、B 两点及待测设点 P 的坐标。

(1)在两个平面控制点 A、B 上各安置一台全站仪，盘左后视其它控制点定向。

(2)计算 A、B 点至拟放样点 P 的方位角 α_1、β_1。

(3)旋转全站仪 A 使方位角为 α_1，观测员指挥画点人员在两视线交点附近画点 P_1、P_2。

(4)旋转全站仪 B 使方位角为 β_1，观测员指挥画点人员在两视线交点附近画点 P_3、P_4。

(5)用拉紧的细线 P_1P_2 与 P_3P_4 定出交点 M 的位置。

(6)两仪器盘右后视控制点并配置度盘，重复(3)～(5)步骤得到交点 N。

(7)当 M、N 点间距离小于放样点限差要求时，以 M、N 连线中点作为放样点 P，并标定下来。

(8)重复上述过程放出其它放样点，丈量放样点之间的距离与计算值比较检核。

五、精度评定

采用如下公式进行前方交会法观测的点位中误差计算：

$$M_P=\pm\frac{m_\beta\sqrt{a^2+b^2}}{\rho\sin(\alpha_1+\beta_1)}$$

其中：M_P 为测站点的点位中误差，单位为 m；

m_β 为水平角观测中误差，单位为″；

a，b 为交会边长，单位为 m；

ρ 为常数，$\rho=206265''$；α_1，β_1 为水平观测角。

六、注意事项

(1)在全站仪角度前方交会方法实际放样前，也应进行如实验一中的测量资料收集与放样方案制定工作及放样前相关准备工作等。

(2)两小组成员间应密切配合，保证实验顺利进行。

七、思考题

1. 骑马桩是如何定义的？

2. 在桥梁工程施工测量中，是否需要考虑前方交会角的大小？需要考虑置镜点是位于桥轴线的一侧或者是两侧的情况吗？

3. 在桥梁工程施工测量中，当测区控制网的网形设计和布网已确定的情况下，若进行角前方交会的交会角不符合要求时，可否根据情况增设插点或精密导线点作为次级控制点？

4. 角度前方交会法放样点位的具体适用条件会有哪些？

实验三　圆曲线主点测设

一、目的和要求

(1)掌握路线交点转角的测定方法。

(2)掌握圆曲线主点里程的计算方法。

(3)熟悉圆曲线主点的测设过程。

二、实验仪器

(1)借领全站仪 1 台，棱镜 1 个，测钎(或木桩)5 个，记录板 1 块。

(2)自备计算器 1 个，铅笔 1 支，小刀 1 把，计算用纸等。

三、实验步骤

(1)在平坦地区定出路线导线的三个交点(JD_1、JD_2、JD_3)，如图 3-2 所示，并在所选点上用木桩标定其位置。导线边长要大于 80m，目估 $\beta_右<145°$。

(2)在交点 JD_2 上安置全站仪，用测回法观测出 $\beta_右$，并计算出转角 $\alpha_右$。

$$\alpha_右=180°-\beta_右$$

(3)假定圆曲线半径 R=100m，然后根据 R 和 $\alpha_右$，计算曲线测设元素 L、T、E、D。

(4)计算圆曲线主点的里程(假定 JD_2 的里

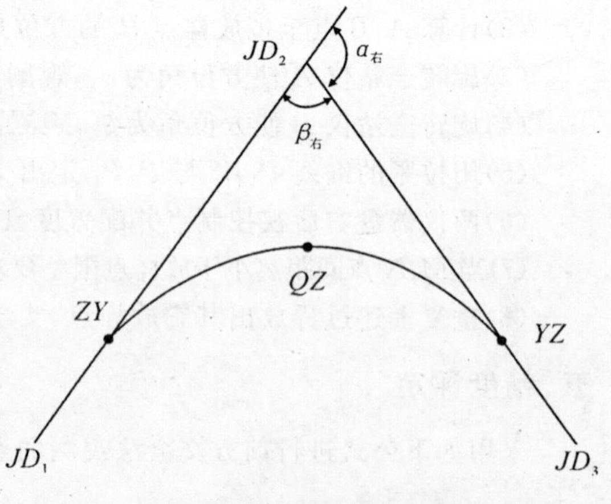

图 3-2　圆曲线测设示意图

程为 K3＋296.67)。计算列表如下：

JD_2	K3＋296.67	
	一)	T
ZY	＋)	L
	一)	$L/2$
YZ		QZ
	＋)	$D/2$
JD_2	K3＋296.67	（校核计算）

(5)设置圆曲线主点：

①在 $JD_2—JD_1$ 方向线上，自 JD_2 量取切线长 T，得圆曲线起点 ZY，插一测钎，作为起点桩。

②在 $JD_2—JD_3$ 方向线上，自 JD_2 量取切线长 T，得圆曲线终点 YZ，插一测钎，作为终点桩。

③用全站仪设置 $\beta_{右}/2$ 的方向线，即 $\beta_{右}$ 的角平分线。在此角平分线上自 JD_2 量取外距 E，得圆曲线中点 QZ，插一测钎，作为中点桩。

(6)站在曲线内侧观察 ZY、QZ、YZ 桩是否有圆曲线的线形，以作为概略检核。

(7)再重复上述步骤(5)，看两次设置的主点位置是否重合。如果不重合，而且差得太大，则需查找原因，并重新测设。若在容许范围内，则点位即可确定。

四、注意事项

(1)为使实验直观便利，克服场地的限制，本次实验规定 $30°<\alpha_{右}<40°$，$R=100$m。

(2)计算主点里程时要两人独立计算，加强校核，以防算错。

五、思考题

1.为什么需利用交点来测设圆曲线其他主点？

2.如果交点在实地无法先测设出来，可以采用副交点法进行测设吗？如何进行测设？

实验四　偏角法圆曲线详细测设

一、目的和要求

(1)掌握用偏角法详细测设圆曲线。

(2)掌握偏角法测设数据的计算及测设方法。

二、仪器准备

全站仪 1 台，钢尺 1 把，小目标架 3 根，标杆 2 根，测钎 10 支，木桩若干个，榔头 1 把，记录板 1 块，计算器 1 个。

三、实验要求

(1)每 5m 弧长测设一个细部点。

(2)圆曲线细部放样到终点时，角度拟合误差≤3′，距离拟合误差 $\Delta S/L\leqslant 1/1000$(式中 ΔS 为与终点不拟合相差的距离；L 为曲线长度)。

四、方法和步骤

已知：圆曲线的半径 $R=100\text{m}$，转角 $\alpha_{右}=34°30'$，JD_2 的里程为 $K4+296.67\text{m}$，桩距 $L_0=10\text{m}$，按整桩号法设桩，试计算各桩点的偏角值，并详细放样此圆曲线（如图 3－3 所示）。

（1）计算各桩点的偏角值（按整桩号法计算）。

①偏角计算：导线向右转角 $\alpha_{右}=34°30'$；R（半径）$=100\text{m}$；T（切线长）＝____m；E（外距）＝____m；L（曲线长）。见表 3－2。

表 3－2　曲线细部点偏角计算表

桩　号	偏　角	测设时度盘读数		备　注
		盘左	盘右	
起点（或终点）	°　′　″	°　′　″		
				$L_1=$　　$s_1=$
				$L=5.0\text{m}$　　$s=$
				$L_2=$　　$s_2=$
				计算公式：
				$\frac{\varphi_1}{2}=\frac{L_1}{2R}\times\frac{180°}{\pi}$　　$s_1=2R\sin\frac{\varphi_1}{2}$
				$\frac{\varphi_1}{2}=\frac{L}{2R}\times\frac{180°}{\pi}$　　$s_1=2R\sin\frac{\varphi}{2}$
				$\frac{\varphi_2}{2}=\frac{L_2}{2R}\times\frac{180°}{\pi}$　　$s_1=2R\sin\frac{\varphi_2}{2}$

②测设检查：从曲线起点开始测设圆曲线细部点。检查终点拟合误差：

角度误差＝________________。

距离误差＝________________。

（2）计算主点里程（可参见圆曲线主点测设相关内容）。

（3）先标定 JD_2，并在其上安置全站仪，再标定 JD_1，用全站仪设置 $\alpha_{右}=34°30'$，标定 JD_3。

（4）进行圆曲线主点测设，参见圆曲线主点测设实验。

（5）用偏角法详细测设圆曲线的步骤如下：

①将全站仪置于圆曲线起点 $ZY(A)$，水平度盘设置起始读数为 $360°-\Delta$，后视交点 JD_2 得切线方向。如图 3－3 所示。

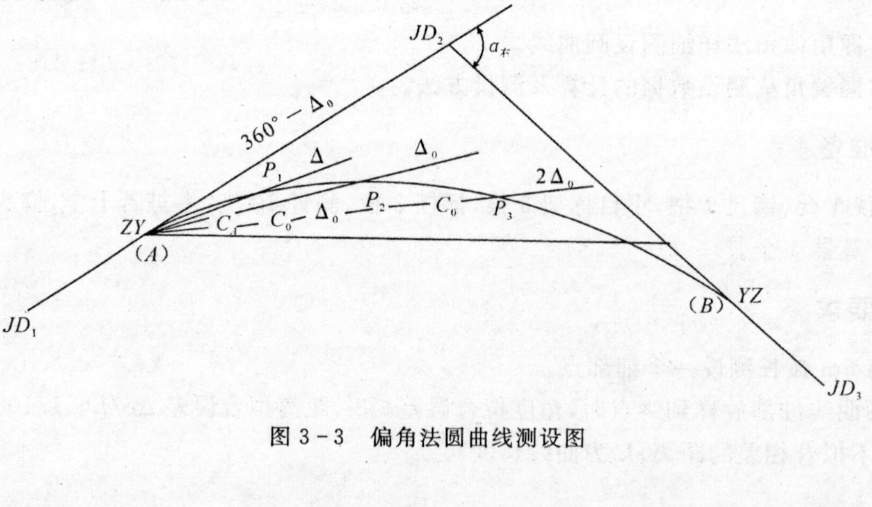

图 3－3　偏角法圆曲线测设图

②转动照准部，使水平度盘读数为 0°00′00″（P_1 点的偏角读数），得 AP_1 方向，沿此方向从 A 点量出首段弦长 C_A 得整桩 P_1，在 P_1 点上插一测钎。

③对照所计算的偏角表，转动照准部，使度盘对准整弧段 L_0 的偏角 Δ_0（P_2 点的偏角读数），得 AP_2 方向，从 P_1 点量出整弧段的弦长 C_0 与 AP_2 方向线相交得 P_2 点，在 P_2 点上插一测钎。

④转动照准部，使度盘对准 $2L_0$ 的偏角 $2\Delta_0$（P_3 点的偏角读数），得 AP_3 方向，从 P_2 点量出 C_0 与 AP_3 方向线相交得 P_3，在 P_3 点上插一测钎。

⑤以此类推定出其他各整桩点。

⑥最后应闭合于曲线终点 $YZ(B)$，当转动照准部使度盘对准偏角 $n\Delta_0+\Delta_B$（终点 B 的偏角读数）得 AB 方向，从 P_n 点量出尾弧段弦长 C_B 与 AB 方向线相交，其交点应为原设的 YZ 点，如两者不重合，其闭合差一般不得超过如下规定，否则应检查原因，并进行改正或重测。

半径方向（横向）：±0.1m。

切线方向（纵向）：$\pm\frac{L}{100}$，L 为曲线长。

如果将全站仪置于曲线终点 $YZ(B)$ 上，反拨偏角测设圆曲线（即路线为左转角时正拨偏角测设圆曲线），其测设方法与正拨偏角测设方法基本相同。所不同之处就是反拨偏角值等于 360°减去正拨偏角。

(6)绘制测设草图。

六、注意事项

(1)本次实验是在圆曲线主点测设基础上进行的，需熟悉圆曲线主点测设步骤及要领。

(2)应在实验前将算例的全部测设数据计算出来，不能在实验中边算边测，以防时间不够或出错。

(3)如时间允许，也可不用实例，直接测定右角后进行圆曲线的详细测设。

七、思考题

1. 如何对偏角法放样的圆曲线各桩点进行误差检核？

2. 试利用 Microsoft Office Excel 计算偏角法测设圆曲线各桩点坐标。

3. 长弦法与短弦法各有什么优缺点？

实验五　线状工程 GPS RTK 中线中桩放样

一、目的和要求

(1) 了解 GPS 技术在线状工程测量中的应用。

(2)熟悉 GPS RTK 接收机仪器部件，及正确的数据连接方法。

(3)掌握 GPS RTK 在线状工程实际中的中线中桩放样方法。

二、实验仪器

GPS 接收机主机 3 台(基准站 1 台与流动站 2 台),电台 1 台,钢尺 1 个,连接电缆若干,12V 电瓶 1 个,GPS 手簿 3 个,记录本 1 个,木桩若干个,铁钉若干枚,红油漆 1 瓶,毛笔 1 支。

三、实验步骤

道路中桩放样测量的基本作业步骤如下:

(1) 将脚架架设到基准站控制点上,基座和天线连接在一起,然后对中,整平。

(2) 将 GPS 接收机和供电系统连接(如干电池、电瓶等)。

(3) 将 GPS 接收机和接收天线系统连接(接收机内含天线系统的不需此步骤)。

(4) 对相位中心不在接收机中心的 GPS 接收机,应将 GPS 接收机的指示标识指向磁北方向。

(5) 连接电台发射系统和 GPS 接收机、电台主机和电台天线、电台主机和电源。

(6) 量取并记录天线高度,记录基站测量点的名称、GPS 接收机编号、天线编号。

(7) 依次打开接收机主机、电台、GPS 手簿电源。

(8) 用 GPS 手簿在基准站上建立相应的工程文件,并设置好工程文件的参数,如中央子午线经度、格网坐标、工程投影坐标系、椭球长半轴及扁率等,需通过测试建立起基准站与流动站间信号的正常通讯,最后启动基准站。

(9) 建立要放样的道路名称后将设计好的路线曲线要素(起始点坐标、直线坐标方位角、直线长度、缓和曲线半径及缓和曲线长度、圆曲线半径及长度,曲线的走向是左偏还是右偏等)输入到 GPS 手簿中;或通过微机将路线中桩设计坐标传输到 GPS 手簿中。

(10) 在流动站上的测设操作。进入 RTK 测量模式,在"放样"中选择"道路",选择所需放样的道路名称,输入要测设的里程桩号,然后按"开始"(F_1 或 Enter),即进入放样。显示屏可实时显示当前天线杆到设计桩位的方向与距离,移动杆位,当屏幕显示杆位与设计点位重合时,在杆位处打桩写号即可。

(11) 在每个桩位按控制器的记录键,将每个桩位高程记录于电子手薄的存储器,实现无纸化记录。

(12) 内业传输至计算机,利用路线 CAD 软件进行纵断面的设计和绘图。利用 RTK 技术定位进行,中线测量的精度需满足《公路勘测规范》桩位允许误差要求。

四、注意事项

(1)利用测区控制点进行点校正问题。在流动站道路中线中桩放样之前,需判断测区是否需要做点校正,此步主要是为求 WGS84 坐标系到工程投影坐标如"北京-54"或"西安-80"等坐标系的转换参数。如果测区已有转换参数,则不需进行点校正。如果没有,当测区面积超过 100 km^2 且测区点位精度要求较高时,必须进行点校正工作。校正时键入 4 个已知控制点坐标,且 4 个控制点最好分布在测区周围。点校正,至少需要 3 个控制点。具体方法有以下两种:

①野外测量法。在 GPS 基准站启动之后,将流动站放置在做点校正用的控制点上,测量

并记录这些控制点的“WGS－84”坐标后，再输入该点格网坐标，在GPS手簿中完成点校；

②室内直接法。如果在一个测区内，用来做点校正的控制点除已有工程投影坐标系点位之外，还有该控制点的“WGS－84”坐标，则点校正工作可以直接在室内完成。

在GPS手簿中选“点校正”，分别输入网格点名称、坐标以及GPS点名称(WGS－84)、坐标，即可进行点校正。

(2)中桩放样过程中的加桩问题。在实际的线路工程中桩放样中，一般在每隔一定间距处打桩外，还需在曲线主点、百米桩，千米桩，以及地形特征变化点等处进行打桩。

(3)在GPS手簿中输入道路的曲线要素时需进行点位坐标检核的问题。

在GPS手簿中输入道路的曲线要素时，将得到的每段结束点的坐标与工程设计单位所提供的坐标进行对比，分析是否在输入曲线要素时有错误，以免误工影响工程的进度。

五、思考题

1. 如何理解点校正的概念，在什么情况下需要做测区的点校正？

2. 如何在流动站快速地进行点位放样？

实验六　线状工程纵、横断面测量

一、实验目的与要求

(1)了解路线纵、横断面测量的目的与方法。

(2)了解路线基平测量水准点的设置要求。

(3)会标定横断面方向。

(4)会进行路线中平与横断面测量成果的记录、整理与计算。

(5)掌握两种较为常用的横断面测量方法，即水准仪加皮尺、花杆加皮尺两种方法进行横断面测量。

(6)会绘制路线的纵、横断面图。

二、实验仪器

水准仪1台、水准尺1套、50m卷尺1个、记录薄1本、花杆1根、记录板1块等。

三、路线纵断面测量

工作步骤是先基平测量后中平测量。

(一)基平测量

1. 路线水准点的设置

在路线的起点、终点、大桥两岸、隧道两端、垭口以及一些需要长期观测高程的重点工程附近均应设置永久性水准点，在一般地区应每隔一定的长度设置一个永久性水准点。

2. 水准点布置要求

(1)位置。埋设在距中线 50～100m ,且不易受破坏之处。

(2)设置密度。临时性水准点,平原微丘区 1km～2km 设置一个;山岭重丘区 0.5km～1km 设置一个。每隔 5km、路线起终点、重要工程处,设永久性水准点。

3. 基平测量方法

(1)测量方法。

第一种方法:一台水准仪往返测;

第二种方法:一台水准仪二次仪高法。

(2)精度要求。

高差容许闭合差:$f_{h容许}=\pm 30\sqrt{L}$或$\pm 8\sqrt{n}$(mm),式中:L 以 km 为单位。

大桥两端、隧道进出口:$f_{h容许}=\pm 20\sqrt{L}$或$\pm 6\sqrt{n}$(mm),式中:L 以 km 为单位。若 $f_h \leqslant f_{h容许}$,高差则取平均值。

(二)中平测量

相邻两转点间观测的中桩,称为中间点。为了削弱高程传递的误差,观测时应先观测转点,后观测中间点。转点应立在尺垫上或稳定的固定点上,尺子读数至毫米,视线长度不大于150m;中间点尺子应立在紧靠中桩的地面上,尺子读数至厘米,视线长度可适当放长。

如图 3-4 所示,水准仪置于Ⅰ站后,后视水准点为 BM_1,前视转点为 TP_1,将观测结果分别记入表 3-3 中的“后视”和“前视”栏内,然后观测 0=000,…,0=120 等各中桩点,将读数分别记入“中视”栏。将仪器搬到Ⅱ站,后视转点为 TP_1,前视转点为 TP_2,然后观测各中桩地面点,用同法继续向前观测,直至附和到下一点水准点 BM_2,完成一测段的观测工作。

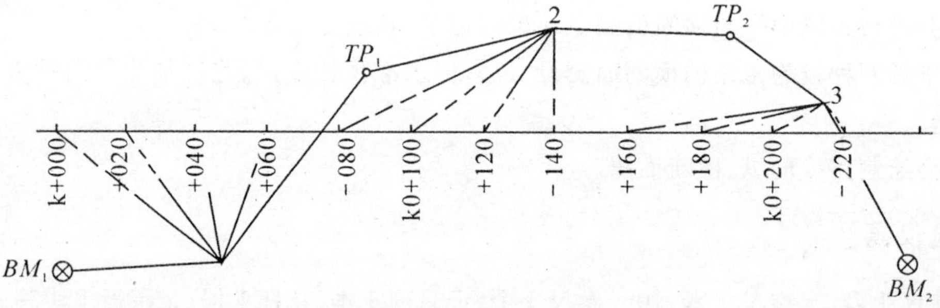

图 3-4　中平测量示意图

中桩水准测量的精度要求,一般取测段高差与两端水准点已知高差之差的限差为$\pm 50\text{mm}\sqrt{L}$(二级及二级以下公路,L 以 km 计),在容许范围内,即可进行中桩地面高程的计算,否则应重测。

中间点的地面高程及前视点高程,一律按所属测站的视线高程进行计算。每一测站的计算公式如下:

视线高程=后视点高程+后视读数;

转点高程=视线高程－前视读数;

中桩高程＝视线高程－中视读数。

表 3－3　中平测量数据记录示例表

测站	测点	水准尺读数			仪器视线高度	高程
		后视	中视	前视		
1	BM_1	1.986			180.679	179.693
	K0＋000		1.57			179.109
	0＋020		1.93			178.749
	0＋040		1.56			178.175
	0＋060		1.12			178.559
	TP_1			0.872		179.807
2	TP_1	2.283			180.679	179.807
	K0＋080		0.68			181.410
	0＋100		1.59			180.500
	0＋120		2.11			179.980
	0＋140		2.66			179.430
	TP_2			0.872		179.714
1	TP_2	2.185			180.679	179.714
	K0＋160		2.18			179.719
	0＋180		2.04			178.859
	0＋200		1.65			180.249
	0＋220		1.27			180.629
	BM_2			1.387		180.512

四、路线横断面测量

(1)方法分类。横断面测量中的距离和高差一般准确到 0.1m 即可满足工程的要求。因此横断面的测量方法多采用简易的测量工具和方法，以提高工作效率。

① 花杆皮尺法。如图 3－5 所示，A、B、C 为横断面方向上所选定的变坡点，施测时，将花杆立于 A 点，皮尺靠中桩地面拉平，量出至 A 点的平距，皮尺截取花杆的高度即为两点的高差，同法可测出 A 至 B、B 至 C 等测段的距离和高差，此法虽然简便，但精度较低。

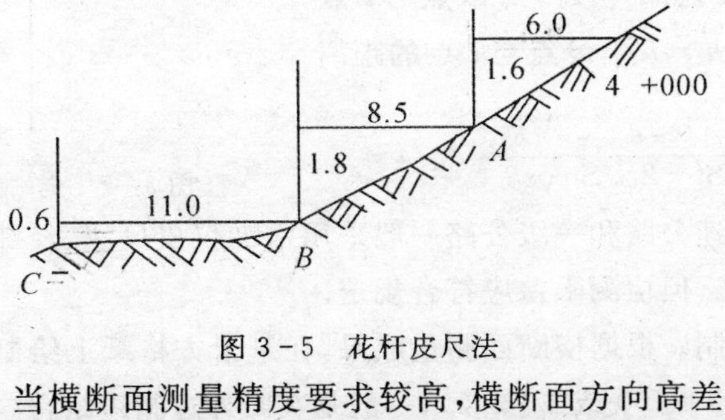

图 3－5　花杆皮尺法

②水准仪皮尺法。当横断面测量精度要求较高，横断面方向高差变化不大时，多采用此法。施测时用钢尺(或皮尺)在横断面方向(可由方向架确定)量距，水准仪后视中桩标尺，求得视线高程后，再分别在横断面方向的坡度变化点上立标尺，视线高程减去诸前视点读数，即得各测点高程，水准仪横断面测量如图 3－6 所示，横断面数据记录见表 3－4。

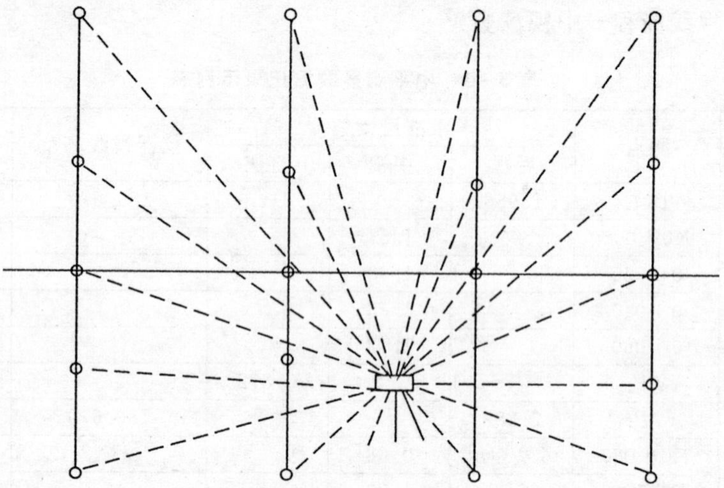

图 3-6 水准仪横断面测量示意图

表 3-4 横断面数据记录

$\frac{前视读数}{距离}$(左侧)	$\frac{后视读数}{桩号}$	$\frac{前视读数}{距离}$(右侧)
$\frac{2.35}{20.0}$ $\frac{1.84}{12.7}$ $\frac{0.81}{11.2}$ $\frac{1.09}{9.1}$ $\frac{1.53}{6.8}$	$\frac{1.68}{0+050}$	$\frac{0.44}{12.4}$ $\frac{0.14}{20.0}$

③全站法任意架站法。在地形复杂横坡较陡的地段，可采用此法。

在 T 点置仪器，将棱镜安置在中线桩 O 点：照准后将水平度盘设备为 0°00′00″，测定 T 到 O 的水平距离 S_0 和高差 h_{TO}；再将棱镜安置在横断面方向上的 i 点，测定水平角 β_i、水平距离 S_i、高差 h_{Ti}，设棱镜高为 v，仪器高为 i，测站高程为 H_T，则 O 点与 i 点的高差 $h_i=H_T$，则 O 点与 i 点的高差 $h_i=H_i-H_0=h_i-h_{T0}$，O 点与 i 点的距离为

$$l_i=\sqrt{S_0^2+S_i^2-2S_0S_i\cos\beta_i}$$

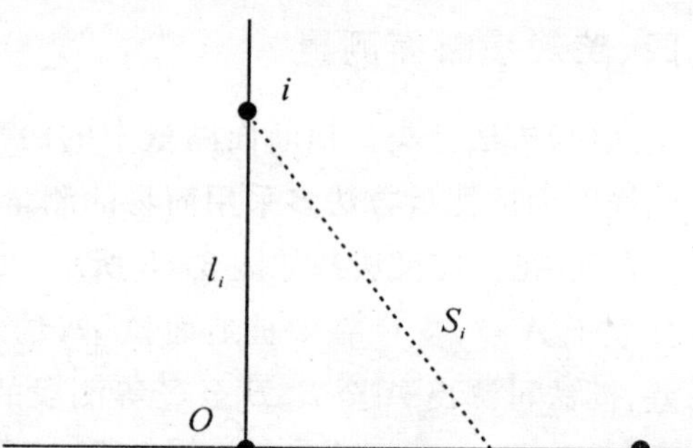

图 3-7 全站法任意架站示意图

横断面测量中，高速公路和一级公路一般采用水准仪皮尺法、经纬仪法，二级及二级以下公路可采用标杆皮尺法，但检测限差应符合规定。

(2)横断面图的绘制。根据横断面测量成果，在毫米方格纸上绘制横断面图，距离和高程取同一比例尺(通常取 1∶100 或 1∶200)，一般是在野外边测边绘，这样便于及时对横断面图进行检核。绘图时，先在图纸上标定好中桩位置，然后由中桩开始，分左右两侧逐一按各测点间的距离和高程绘于图纸上，并用直线连接相邻点，即得该中桩的横断面图。如图 3-8 所示为横断面图上绘有设计路基横断面的图形。

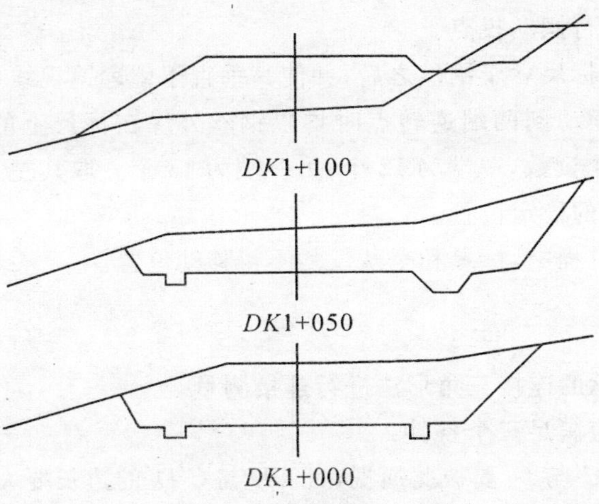

图 3－8　横断面绘制示意图

五、思考题

1.进行道路纵、横断面测量的目的是什么？

2.在横断面测量中是如何确定其方向的？

3.测量道路横断面的方法有哪些？各适合什么样的地形条件？

4.在基平测量中，水准点的设置有何要求？

5.横断面测量的点位密度是根据什么来确定的？一般一个横断面测量需测多宽？

6.绘制路线的纵、横断面图有无比例尺要求？

实验七　一井定向测设

一、目的和要求

(1) 了解矿井一井定向联系测量的原理、方法及施测步骤。

(2)了解矿井工业广场、井筒附近布设平面控制点的方法。

(3)掌握矿井一井联系测量的方法，完成一个定向的水平投点及连接测量。

(4)掌握一井定向的内业计算及精度评定方法。

二、实验仪器和工具

仪器和工具：2 根长钢丝，全站仪 1 台，重锤 2 个，记录板 5 块，手电筒 2 个，钢尺 1 把，手摇绞车 2 个，拉力计 1 个，温度计 1 个，小垂球 3 个，记录手簿 1 本。

三、实验内容及步骤

1.投点

采用单重摆动投点法投点时需注意以下两点：

①用信号圈法或比距法检查钢丝是否自由悬挂；

②采用单标尺法进行摆动投点。

将具有毫米分划的标尺立于钢丝之后，并使其垂直于望远镜视线，然后在全站仪望远镜中观察钢丝摆动，当钢丝摆动到两端逆转点时均以钢丝外缘在标尺上的位置读取读数，估读至0.1mm。连续读取25个读数，一端为12个，另一端为13个。取其左、右两端读数平均值的中数作为垂球线在标尺上的稳定位置。

注意：在整个定向过程中，标尺和全站仪均不得移动位置。

2.连接测量

采用如图3-9所示的连接三角形法进行连接测量。

(1)连接三角形法应满足三个条件：

① 点 C 与 D 及点 C' 与 D' 要彼此通视，且 CD 与 $C'D'$ 的边长要大于20m；

② 三角形的锐角 γ 和 γ' 要小于2°；

③a/c 与 a'/c' 的比值要尽量小一些，一般应小于1.5。

(2)连接三角形法的外业测设步骤。

①在 C 点安置全站仪，测量角度 $\varphi=\angle DCA$ 和 $\varphi=\angle DCB$，丈量边长 $a=AB$、$b=CA$、$c=CB$，计算角度 $\gamma=\angle ACB$。

②在 C' 点安置全站仪，测量角度 $\varphi'=\angle A'C'D'$ 和 $\varphi'=\angle B'C'D'$，丈量边长 $a'=A'B'$、$b'=C'A'$、$c'=C'B'$，计算角度 $\gamma'=\angle A'C'B'$。

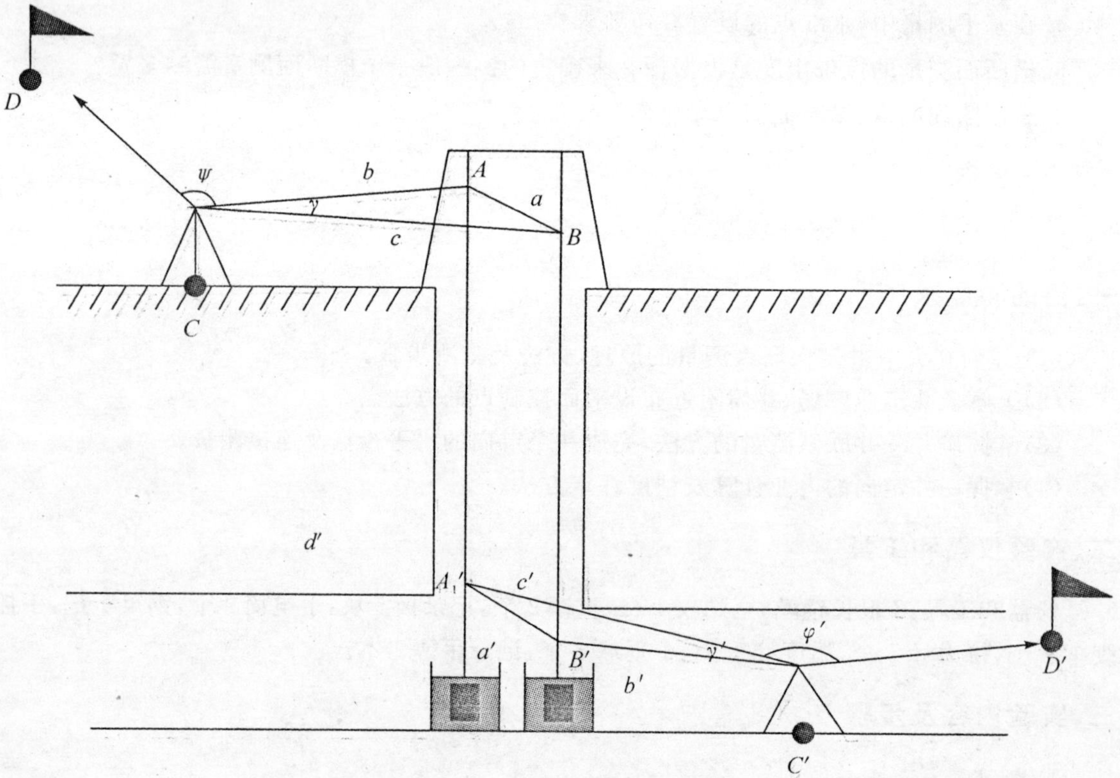

图3-9　一井定向连接测量示意图

(3)外业测设时应注意的问题。

①测角方面。在地面连接点 C 测量 φ、Ψ 及井下连接点 C' 测量 φ'、Ψ' 四个角度，应采用精度不低于 6″的经纬仪进行观测。观测方法及限差要求见表 3－5。

表 3－5　连接三角形测量的观测方法及限差表

仪器级别	水平角观察方法	测回数	测角中误差	限差		
				半测回归零差	各测回互差	重新对中测回间互差
DJ_2	全圆方向观测法	3	2″	12″	12″	60″
DJ_6	全圆方向观测法	6	6″	30″	30″	120″

②量边方面。要使用检验过的钢尺量边，量边时应施加比长时的拉力，同时记录测量时的温度。在垂球线稳定的情况下，应用钢尺的不同起点丈量 6 次，读数估读到 0.5mm。同一边长各次观测值的互差不得大于 2mm，取其平均值作为丈量的结果。

在垂球摆动情况下，应将钢尺沿所量三角形的各边方向固定，然后用摆动观测的方法（至少连续读取 6 个读数）确定钢丝在钢尺上的稳定位置，以求得边长。每边均须用上述方法丈量 2 次，两次丈量互差不大于 3mm 时，取其平均值作为丈量结果。

四、内业计算

(1)三角形的解算。

$$\sin\alpha=\frac{a\sin\gamma}{c},\sin\beta=\frac{b\sin\gamma}{c},\sin\alpha'=\frac{a\sin\gamma'}{c'},\sin\beta'=\frac{b'\sin\gamma'}{c'}。$$

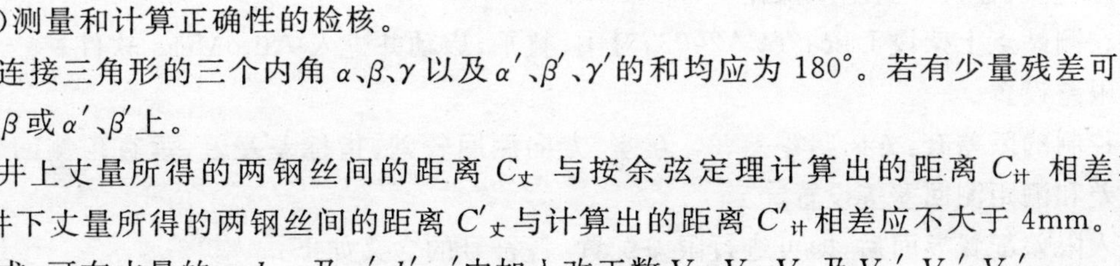

图 3－10　连接三角形地下导线起始边方位角计算示意图

(2)测量和计算正确性的检核。

①连接三角形的三个内角 α、β、γ 以及 α'、β'、γ' 的和均应为 180°。若有少量残差可平均分配到 α、β 或 α'、β' 上。

②井上丈量所得的两钢丝间的距离 $C_{丈}$ 与按余弦定理计算出的距离 $C_{计}$ 相差不大于 2mm；井下丈量所得的两钢丝间的距离 $C'_{丈}$ 与计算出的距离 $C'_{计}$ 相差应不大于 4mm。若符合上述要求，可在丈量的 a、b、c 及 a'、b'、c' 中加入改正数 V_a、V_b、V_c 及 V_a'、V_b'、V_c'。

$$V_a=V_c=-\frac{C_{丈}-C_{计}}{3},V_b=\frac{C_{丈}-C_{计}}{3}$$

$$V_{a'}=V_{c'}=-\frac{C'_{丈}-C'_{计}}{3},V_{b'}=\frac{C'_{丈}-C'_{计}}{3}$$

(3)地下导线起始边坐标方位角的计算。将井上、井下连接图形视为一条导线，导线计算路线的选择应使得传递方向经过小角，如 $D—C—A—B—C'—D'$ 顺序，按照导线计算方法求

出井下起始点 C' 的坐标及井下起始边 $C'D'$ 的方位角。

五、思考题

1. 投点误差该如何进行估算？

2. 推算地下导线起始边方位角时，为何要选择小角进行推算？

3. 导线测量中，如何对坐标方位角进行推算？

4. 一井定向，可以理解为地面上的支导线吗？

实验八　测量机器人仪器认识

一、目的和要求

(1)了解测量机器人的构成及基本原理。

(2)熟悉测量机器人的操作方法。

二、仪器设备

Leica TCA2003 仪器 1 台、便携式电脑 1 台，通讯电缆 1 根，脚架及棱镜各 1 个、测伞 1 把，小钢尺 1 把，温度计 1 个，气压计 1 个。

三、仪器认识及基本操作

(1)基本性能与仪器保养。

①基本性能。Leica TCA2003 的特点是精度高，主要用于高精度的变形观测，大地控制测量等精密工程测量领域。

②仪器保养。仪器必须装箱运输，防止受剧烈振动；仪器不宜受潮；避免在强磁场内作业，影响精度，放置在温度为干燥环境中；保持物镜和目镜的清洁；充电器不能在潮湿的环境中工作；雷雨天气不能在野外测量，可能遭受雷击；不能使用望远镜对准太阳，会损伤眼睛；操作人员不能离开仪器，随时注意周围环境，防止意外事故发生；定期对仪器进行调试和检校；激光不能直接照射眼睛。

(2)测量机器人外业基本操作。

①在测站点上架设 Leica TCA2003，对中、整平，启动并进入 AutoMeas 软件。

②限差设置。

可控制的限差有：方向归零差、$2C$ 互差、方向测回较差、指标差互差、垂直角测回较差、测距读数差和测距测回差等设置。

进入限差配置界面后，即可进行限差配置，各符号的含义如下：

CHS——为测回数；CJCS——为测距次数；$\Delta 2C$——为 $2C$ 互差(单位：秒)；GL——为归零差(单位：秒)；ΔHz——为测回较差(单位：秒)；Δi——为指标差互差(单位：秒)；ΔV——为天顶距测回较差(单位：秒)；ΔD——为距离读数差(单位：毫米)。

设置完成后，按 F1(OK)，保存限差设置，如果按 ESC 则不保存限差设置。

提示：如果只需要测量水平角而不测量天顶距时，在设置限差时，可将 Δi 和 ΔV 设置大一些，使得在测量过程中，天顶距较差和指标差较差不会出现超限提示。同理，如果只测量天顶距而不测量垂直角时，同样可以将 $\Delta 2C$，GL 和 ΔHz 设置设置大一些。如果水平角和天顶距均要观测，必须按要求设置。

各项限差根据国家规范和相关的技术要求设置，如果外业观测某个观测值超限，仪器将自动报警，提示是否重测。如果超限方向数小于或等于总方向数的 1/3 时，可选择只重测超限的方向，也可以重测所有方向。

还可以定义重测方式，HzV 方式：重测超限的水平角和天顶距；Hz 方式：重测超限的水平角；V 方式：重测超限的天顶距。

③设置大气改正 PPm。

按 F3(PPm)即进入设置大气改正界面，各符号的含义如下：

Atm. pressure ——输入大气压(毫巴，mbar，1bar＝10^5Pa)；

Temperature——输入温度(摄氏度，℃)；

PPm total——为总的大气改正值，按 F1(CONT)确认。

提示：压力的法定单位是帕斯卡(Pa)：1Pa＝1N/m^2(牛顿/平方米)。工程上常用的是兆帕(MPa)：1MPa＝1 000 000Pa。

1 个标准大气压(atm)＝1.003 36×0.098MPa＝0.101 08MPa≈0.1MPa。

1 巴(bar)＝0.1 兆帕(MPa)＝1.019 7 千克/厘米^2(kg/cm^2)＝0.987 大气压(atm)。

注意：如果在仪器上进行 PPm 改正，在内业计算中，切不可再进行这项改正计算，防止重复计算而发生错误。建议现场记录气象元素，内业计算统一进行气象改正，仪器上的 PPm 改正值均设置为零。

DDM6.0 后处理软件中，所有仪器高，棱镜高，气温气压均采用气象元素表中的数据，原始观测数据中的仪器高，棱镜高不参加计算。

④测站设置。设置测回数、测距次数；输入仪器高，测站名等参数。

自由定义测回数和测距次数，方向观测测回数可定义 1 个～20 个，距离观测测距次数可定义为 1 次～20 次，方向数可最多达 20 个。

在操作界面中输入测站点名(CZDM)和仪器高(YG)后按回车。

⑤初始观测。以第一个目标点为起始方向顺时针观测目标点半测回，输入观测方向名以及目标高等信息，存入 PCMCIA 卡相应的文件，备自动观测时调用。

按 F5(FXM)输入方向点名，输入 A1，输入完成后，按小键盘回车，这时要求人工瞄准 A1 点，然后按 OK，接着输入棱镜高(Rh)，如果定义该点采用人工照准方式，再按 F4(ATRNo)即可，自动照准方式按 F3(ATROK)，该方向点定义完成；接着定义第二个方向点，同样按 F5(FXM)输入第二个方向点名，按照定义第一个点的方法，完成第二个方向点定义；依此类推，直到所有方向点定义完成。

如果不小心，输入或定义错误，可按 F2(<<)向回退，显示"点名错误，重新输入"，如果按 YES，则将前一个点给删除。对于 TC 类全站仪，只能定义为 ATRNo(人工照准)所有点定义完成，确认没有错误后，按 F1(OK)进入自动测量状态。

⑥后视定向。照准第一个目标点，获取水平度盘的读数；

⑦水平角自动测量。完成限差设置、测站设置并作后视定向之后，测量机器人就按照初始观测的顺序自动观测水平角，自动检查测回内的各项限差，根据超限情况自动重测某一方向或某一半测回，或者重测整个测回；

若出现超限，出现是否重测对话框，如果要进行重测，按 YES，如果不重测，按 NO。按 YES 后出现的界面中：F4(ALL)表示全测回重测，F5(AUTO)表示自动重测，只测量超限方向。如果测量成功后，仪器将会自动往下测量，如果不成功，将重复出现上述的提示。

⑧测回差检查。计算出每一测回每一方向的方向值，并显示出来。但方向数较多时，测回差超限，哪些测回需要重测，往往需要人工判断。确定并选择重测测回后，仪器将自动进入到水平角自动测量；

举例说明：

若仪器操作界面出现如下的测回信息，显示测回较差超限：

两方向(水平角)：1—2 测回(测回较差为−5.6″)

两方向(水平角)：1—4 测回(测回较差为−5.5″)

两方向(水平角)：2—3 测回(测回较差为 5.7″)

两方向(天顶距)：3—4 测回(测回较差为−5.6″)

可以根据显示的情况判断需要重测那些测回，1 测回出现次数较多，需要重测，3 测回也要重测，如果重测仍然不通过，再考虑重测其他的测回。除非外界条件太差，一般重测均能通过。

按 OK 后，再在界面上按 YES 重测，然后出现要求输入要重测的测回号 F5(Re. No)，重测方式 F4(Re. FS)的界面，然后按 Next 进入下一步。若选择 F4(ALL)表示全测回重测，F5(AUTO)表示自动重测，只测量超限方向。如果测量成功后，测量结束，显示 Survey OK! Press OK End，按 F4 结束角度观测，此时测量模式会自动为 Distance 测距模式。

如果不成功，将重复出现上述的提示。如果超限数量太多，质量太差，重测无法达到要求，建议最好不要进行重测，而是退出，再重新开始测量，或者选择好的天气测量。

⑨距离测量。分自动测量和半自动测量两种模式。自动测量是指在完成限差设置、测站设置并作后视定向之后，测量机器人就能够按照初始观测的顺序自动进行距离测量，自动检查测回内的各项限差，出现超限时自动重测。半自动测量是指人工瞄准需观测的某一目标，自动完成该目标的距离测量。

⑩将测量机器人移至下一测站，重复(①～⑨)的所有步骤。直到全控制网或全部导线等观测完毕。

(3)测量机器人内业数据处理。

①数据传输。用通讯电缆将测量机器人与便携机相连，在便携机上启动 Leica Office 软件，拷贝测量机器人 PCMCIA 卡 AutoMeas 目录下的所有文件到便携机。每一测站的观测成果包括初始观测值文件(作业名.ini)，测站设置文件(作业名.sta)，角度观测值文件(作业名.hzd)，距离观测值文件(作业名.dis)等四个文件。

②在便携机上启动测量机器人网观测或导线观测后处理系统，主要进行以下几个步骤的操作：

a.工程管理，每个控制网观测项目都作为一项工程来管理，每个工程对应着一个数据库文件，数据库文件中保存着该控制网观测的所有数据，包括各种初始设置信息、原始观测值、各种计算分析成果等。存储在 PCMCIA 卡中的各个测站的数据可导入到一个控制网工程中管理。

b.数据整理，主要包括原始角度数据整理，测回差检查，原始距离数据整理出，查看角度整理结果，查看测站成果等。主要是将角度、距离数据按规范规定的格式以标准外业手簿的形式自动输出为 Excel 表格，还可将测站整理成果以科傻和清华山维格式的文件输出。

c. 利用科傻软件或南方平差易等相关测量软件进行平差计算。

四、建立测量控制网坐标数据库

建立测量控制网坐标数据库的方式有三种。

(1)在计算机上输入。

坐标数据库以文本文件的方式保存，文件的扩展名为 net，如果不使用该扩展名，软件将不能识别，例如：DB. NET。坐标数据库的格式为：点名，X 坐标，Y 坐标，H 高程，使用记事本进行坐标的输入或使用其他的软件输入坐标后，以文本的方式保存，并输入文件名即可。

特别注意：点名与 X 坐标，X 坐标与 Y 坐标，Y 坐标与 H 高程之间的分隔是以半角的逗号分开的，切不可使用中文标点符号，否则软件同样会无法识别。

(2)手工在仪器上输入坐标数据。

按 F4(XYH)进入坐标输入及测量功能界面。

①首先按 F4(File)输入文件名(不要输入扩展名，软件自动加入)，例如 365，这样在 PC 卡中就有 365. net 这个文件了，文件的扩展名为“net”。

②按 F1(CZD)输入测站点坐标，软件将第一个点作为测站点。

点名 Point Id：A0；仪器高 insRef . Ht：0. 0000；X 坐标 North(X) ：10. 0000；Y 坐标 East(Y) ：10. 0000；H 坐标 Elev(H) ：100. 0000。A0 点坐标输入完成后，按 F3(REC)记录该点的坐标数据，这样该点即被写入到文件 365. net 坐标数据库文件中了。

③重复②步聚，按 F1 输入第 2 个点的坐标数据(软件将第 2 个点作为后视点)，直到所有的点均输入完。按 ESC 键退出即可。

(3)使用仪器进行现场测量。

与手工在仪器上输入坐标数据一样，先按 F4(File)输入文件名，如：输入 365，这样在 PC 卡中就有 365. net 这个文件了。按 F1(CZD)输入测站点(第 1 点)A0 的坐标，CZDM(测站点名) A0；仪器高 insRef . Ht：0. 0000；X 坐标 North(X) ：10. 0000；Y 坐标 East(Y) ：10. 0000；H 坐标 Elev(H) ：100. 0000 。按 F3(REC)保存该点坐标到文件中，AutoMeas 软件始终将第 1 个点作为测站点，这里已知坐标系和假定坐标系是有区别的。

五、注意事项

(1)外业观测中，需用温度计和气压计量测前后棱镜架设处的温度和气压，并将此温度和气压报告给数据记录员。

(2)外业观测中，在使用 TCA2003 记录数据的同时，观测员应注意按下记录键，与此同时记录员需手工记录所有观测数据，还包括测站仪器高，棱镜高，天气气压、温度等数据。

六、思考题

1. 在什么情况下需进行仪器参数的重新设置，如设置棱镜常数、温度及气压等？

2. 在隧道内进行导线测量时，如何在 TCA2003 中设置导线观测的方向和测回数？

3. 在哪些工程测量中会使用到测量机器人？

第四章　摄影测量课间实习

实验一　模拟、解析阶段航测仪器参观

一、目的和要求

(1)了解国内外各种型号航测模拟测图仪及其发展。

(2)了解国内外主要的纠正仪。

(3)了解国内外各种型号航测解析测图仪及其发展。

二、仪器和设备

图 4-1 为摄影测量三个发展阶段不同类型的航测仪器与设备。

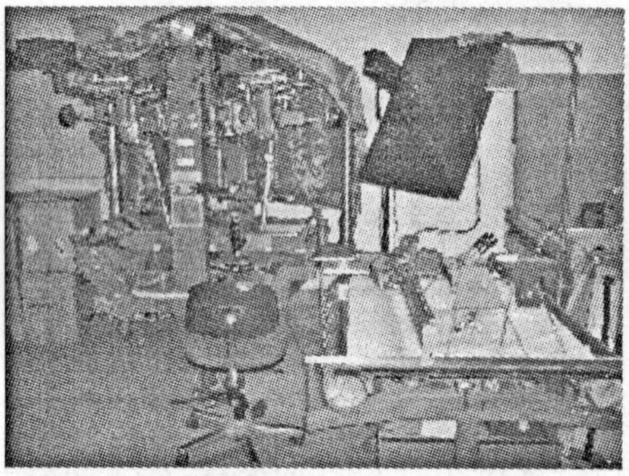

桑通尼立体测图仪

B8S 立体测图仪

多倍仪

迪威亚专业放大机

图 4-1　不同发展时期的航测仪器与设备

三、实验内容

按照摄影测量技术发展的进程，依次参观 1960 至 1990 年代的多倍仪、立体量测仪、机械或光学类模拟测图仪、纠正仪、解析测图仪等。通过教师讲解，了解各类型航测仪器的测图原

理及方法。其中模拟测图仪分为光学投影类和机械投影类，前者有多倍投影仪、Stereoplanigraph 立体测图仪，而后者则包括 C8 型、托普卡 B、C、D 型、B8S 型、HCT－2 型以及 A10 型立体测图仪；纠正仪有 SEG－1 型、国产 HJ－24 型纠正仪；解析测图仪国外的主要有 BC－2 型、Planicomp C 系列，而国产的则包括 HJT－2 型、APS－1 型、APS－2 型、HT 型解析测图仪。

四、实验报告及成绩评定

上交实习报告 1 份。

实验二　1818 型立体坐标量测仪量测像点坐标

一、目的和要求

通过在仪器上的实际操作，使学生了解仪器的构造，加深对立体坐标量测的理解。要求学生掌握仪器的操作方法并利用立体量测仪在航片上量测出各控制点的像点坐标。

二、仪器和设备

立体坐标量测仪 1818 型(图 4－2)，本实习需要分小组进行。

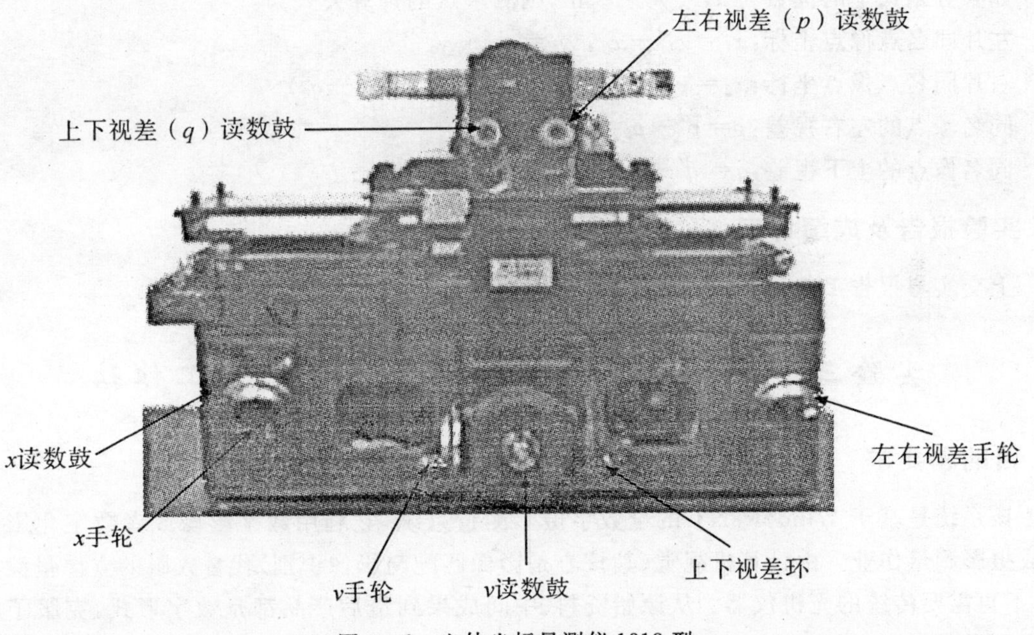

图 4－2　立体坐标量测仪 1818 型

三、实验内容

(1)像片归心的方法及其操作过程。

(2)像片定向的方法及其操作过程。

(3)像点坐标的量测方法及其操作过程。

(4)观测结果的计算方法。

四、实验方法与步骤

1. 像片归心

将像主点与像片盘旋转中心相重合：预先测定 x_1、y_1、p、q 的零位置读数 x_0、y_0、p_0、q_0，然后分别转动 x、y、p、q 四个手轮，将 x、y、p、q 读数安置在零位置上，此时的左右两侧标正好对准像片盘中心，连线平行于仪器的 x 轴。

2. 像片定向观察立体视模型

像片定向要求做到像片上像平面坐标系 x、y 轴与仪器上的相应坐标系 X、Y 轴平行：转动 x、p 手轮和 κ_2 螺旋使测标对准左片像主点，然后再做 x、p 和 κ_1 螺旋的运动使测标对准右片像主点。

3. 观测像控点坐标

像对定向完成后，量测同名像点 a_1、a_2 的坐标：转动 x、y 手轮使左方测标 m_1 对准像点 a_1；然后转动视差手轮 p、q 使右方测标 m_2 对准像点 a_2。

4. 观测结果记算及检验

如果分划尺上的读数为 x_1'、y_1'、p'、q'，则测求点的计算公式为：

左片同名点像点坐标：$x_1 = x_1' - x_0$，$y_1 = y_1' - y_0$

右片同名点像点坐标：$x_2 = x_1 - (p' - p_0)$，$y_1 = y_1 - (q' - q_0)$

同名像点的左右视差：$p = p' - p_0$

同名像点的上下视差：$q = q' - q_0$

五、实验报告及成绩评定

上交实习报告 1 份。

实验三　VirtuoZo NT 全数字摄影测量工作站

一、目的和要求

该系统是基于 WindowsNT 的全数字摄影测量系统，它利用数字影像或者数字化影像来完成摄影测量作业。由计算机视觉（其核心是影像匹配与影像识别）代替人眼的立体量测与识别，不再需要传统的光机仪器。从原始资料、中间成果到最后产品都是数字形式，克服了传统摄影测量只能生产单一线划图的缺点，可以生产出多种数字化产品。系统在自动化作业状态下运行，不需要任何人工干涉，只是在必要的数据准备、必要的辅助量测及自动化过程尚无法解决的问题上需要人工干预，作为自动化系统的“预处理”与“后处理”。本实习要求学生达到以下目标：

(1)掌握模型的自动内定向、自动相对定向和绝对定向。

(2)掌握影相匹配的方法。

(3)掌握匹配编辑的方法。

(4)掌握单模型 DEM 的生成及其显示。

(5)掌握正射影像的制作及其显示。

(6)掌握 DEM 拼接以及镶嵌。

二、仪器和设备

VirtuoZo NT 全数字摄影测量工作站(图 4－3)。

图 4－3　VirtuoZo NT 启动界面

三、实验内容

(1)模型的自动内定向、自动相对定向和绝对定向。

(2)影相匹配的方法。

(3)匹配编辑的方法。

(4)单模型 DEM 的生成及其显示。

(5)正射影像的制作及其显示。

(6)DEM 拼接以及镶嵌。

四、实验方法与步骤

1. 创建新测区,设置测区参数文件,输入原始数据

如果测区已经存在,点击主界面的菜单【文件】→【打开测区】,打开后缀名为“blk”的测区文件;如果测区不存在,在【文件】→【打开测区】,在打开测区对话框中输入后缀名为“blk”的测区文件名,即可新建测区;然后点击菜单【设置】→【测区参数】,其中包括选择后缀名为“cmr”的相机参数文件,以及后缀名为“ctl”或“pas”的控制点文件和加密点文件。

2. 创建模型,设置模型参数

包括模型目录设置、临时文件目录、产品目录设置和左右影像选择。模型建立后,在指定的模型目录下生成一个模型文件夹,以保存基于模型的一系列数据处理结果。

3. 模型定向:进行模型的自动内定向、自动相对定向和绝对定向

(1)点击主界面菜单【处理】→【模型定向】→【内定向】,进入内定向界面,通过框标的自动识别与定位,快速恢复像片内方位元素;

(2)点击主界面菜单【处理】→【模型定向】→【相对定向】→【自动相对定向】,系统将利用影像自动匹配技术,自动完成相对定向同名点的选择与相对定向计算。

(3)在相对定向界面的左右影像上分别选择控制点,输入控制点的点号,然后点击确定按钮。量取所需控制点后,在相对定向界面中的影像上点击鼠标右键,在弹出的快捷菜单中点击【绝对定向】→【普通方式】或【立体方式】,对绝对定向点进行精确调整并同时计算绝对定向参数和残差。

4. 核线重采样

当绝对定向达到要求的精度后,可点击主界面菜单【处理】→【核线重采样】→【水平核线】(或【水平核线】),自动生成核线影像。

5. 影像匹配

生成核线影像以后,点击主界面菜单【处理】→【影像匹配】,系统将自动完成影像的匹配。匹配后,点击主界面菜单【处理】→【匹配结果的编辑】,进入匹配结果编辑界面。

6. 匹配编辑

编辑过程如下。

(1)调用匹配编辑模块。

(2)显示检查匹配结果。

(3)调用编辑主菜单调整其参数。

(4)选择编辑范围。

(5)对匹配不好的点进行编辑,再返回到第(2)步。

(6)保存编辑结果。

(7)存盘退出。

7. 自动生成单模型 DEM 模型,显示 DEM

点击主界面菜单【产品】→【生成 DEM】→【DEM】,将自动生成 DEM。

8. 制作并显示正射影像

点击主界面菜单【产品】→【生成正射影像】,将自动生成正射影像(DOM)。

9. 内插等高线

点击主界面菜单【产品】→【生成等高线】,将自动生成等高线。

点击主界面菜单【产品】→【等高线叠合正射影像】,将等高线与正射影像叠合。DEM 拼接以及自动镶嵌。

10. 数字化测图

点击主界面菜单【测图】→【IGS 数字化测图】，进入数字化测图界面(图 4-4)。

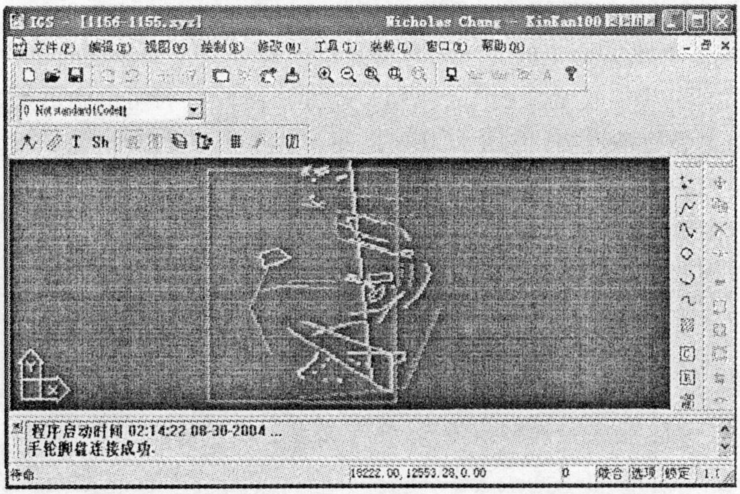

图 4-4　IGS 数字化测图主界面

11. 成果显示

完成上述操作后，点击系统主界面菜单【显示】，查看各种成果数据，其中包括 DEM、DOM、等高线影像、等高线叠合正射影像等(图 4-5)。

图 4-5　三维影像图

五、实验报告及成绩评定

上交实习报告 1 份。

实验四　航带控制点及加密点内业计划与量测

一、目的和要求

由于一般情况下航线方向上的3张相邻像片必须有公共重叠影像，同时航向方向的重叠度在60%～65%之间，旁向重叠度在15%～30%之间，因此可利用手工的形式将两条航带进行拼接，并将控制点和检核点按比例绘制在格网图上。本实习要求学生达到以下目标：

(1)了解模型控制与内业选点计划。

(2)掌握选点方法。

(3)掌握模型控制点以及加密点相对位置量测。

(4)学会航片像片面的清理。

二、仪器和设备

提供两条航带上18张像片和格网图，本实习需要分小组进行。

三、实验内容

(1)模型控制与选点计划。

(2)选点。

(3)模型控制点以及加密点相对位置量测。

(4)航片像片面清理。

用棉花擦拭像片面，除去油笔的笔迹。

四、实验方法与步骤

1. 模型控制与选点计划

(1)以第一张像片 A 为基准找到其像主点 a(用直尺连接每张像片的相对框标点即可大致确定像主点位置)，同时找到位于同一航带上相邻的第二张像片 B 的像主点 b 在第一张像片 A 上相对应的点 b_1(即利用同一航带每个像对的后一张像片上找出前一张像片像主点的同名像点并连线)。

(2)过第一张像片的像主点 a 作垂线，垂直于 a 与 b_1 的连线。

2. 选点

每张航片上选出5个控制点(包括像主点)和2个加密点，并适当分布覆盖整个航片重叠区；每张像片上选点时应该保证控制点距离像片边缘大于1cm，距离像主点大于8.5cm，距离像主点连线大于3.5cm；控制点有两度重叠、三度重叠和六度重叠3种情况，应该保证所选点得到充分应用并符合要求，所选出来的点用油笔标记出来。

(1)在该垂线左右1.5cm范围内寻找控制点。要求上部分选取的控制点与直线 ab_1 的距离大于8.5cm，下部分选取的控制点与直线 ab_1 的距离大于7.0cm，同时与像片边缘的距离大于1.5cm。

(2)对于下部分选取的控制点，观察其在第二条航带上与之有旁向重叠的像片 A_1 上的相应点，看其是否满足与像片边缘距离大于 1.5cm，同时与像主点连线的距离大于 8.5cm。如果满足要求就不需要在像片 A_1 上部分选取控制点，否者就必须按照要求重新在其上部分选点。

(3)按照此规律对剩下的像片进行控制点的选取。控制点一般都选在地物的特征点上(如屋顶角，塘角等)。

(4)在航向方向选取的每两个控制点之间选取一个点作为检核点使用。

3.模型控制点以及加密点相对位置量测

当控制点和检核点全部选完后，用直尺或者三角尺量测每张像片上所有标示点的相对位置，并同比例缩放在坐标格网纸上标出，然后用直线连接竖直方向上相邻的两点。

4.航片像片面清理

用棉花擦拭像片面，除去油笔的笔迹。

五、实验报告及成绩评定

上交实习报告 1 份。

第五章　GPS课间实验

实验一　GPS认识及使用

一、目的

(1)理解和消化《GPS测量原理与应用》课堂教学的内容,巩固所学的理论知识。

(2)熟练掌握GPS仪器设备的使用方法,培养实际动手能力。

(3)培养和提高利用所学理论知识独立分析问题和解决实际问题的能力。

二、要求

(1)实习前,认真学习相关章节的内容。

(2)完成实习后,应掌握仪器各部件的功能。

(3)掌握接收机上显示面板的使用方法。

(4)掌握接收机在测站上的设置方法。

三、仪器和工具

各小组配备GPS接收机1台套和其他配件(具体型号待定)。主要包括主机、天线、电缆、脚架、电池、钢卷尺、背包和仪器箱等。

四、实验内容

(1)认识双频GPS接收机的各个部件。

(2)掌握GPS接收机各个部件之间的连接方法。

(3)熟悉GPS接收机前面板各个按键的功能。

(4)熟悉GPS接收机后面板各个接口的作用。

(5)学会使用GPS接收机查看天空GPS卫星的分布状况、PDOP值以及测站经纬度。

(6)学会使用GPS接收机采集数据,并给采集的数据编辑文件名;学会GPS接收机天线高的输入方法。

五、实验学时

2学时。

六、实验方法与步骤

(1)安置仪器:

①在测站安置脚架、天线基座并对中、整平;

②在基座上安置GPS天线,按要求连接好天线、主机、手簿控制器和电池。

(2)用测高尺测量仪器高。

(3)开机,熟悉控制器主菜单。

(4)打开配置菜单,配置用户所要求的功能。

(5)数据记录装置的格式化。

(6)测量任务设。

(7)测量任务运行。

七、注意事项

(1)实验前,应做好充分的准备。实验教师结合仪器进行接收机性能、状态和功能的讲授。

(2)使用仪器时,应按要求操作。

(3)安装(或更换)电池时,应注意电池的正负极性,不要将正负极装反。

(4) 架设仪器时,应扣紧接收机与基座的螺旋,以防接收机从脚架上脱落。

(5) 操作过程中,注意观察各指示灯的情况。

八、思考题

1. GPS 卫星分布状况预报对实际工作有何指导意义?

2. 什么是 PDOP?

实验二　GPS - RTK 测量

一、目的

(1)熟悉 Trimble - RTK 测量系统的构成。

(2)熟悉 Trimble - RTK 接收机和手簿的一般操作。

(3)学会 Trimble - RTK 测量系统的连接与设置。

(4)学会 Trimble - RTK 测量系统的数据采集和点放样功能。

二、实验步骤

(1)设置基准站。

①安置仪器:

A. 在测站点 A 安置脚架、基座,对中、整平;

B. 在基座上安置 GPS 天线,按附录连接好天线、接收机、电台、电瓶和手簿。

②丈量仪器高。

③开机,熟悉手簿软件。

(2)输入编辑点。

(3)设置流动站。

(4)控制点联测。

(5)求转换参数。

(6)数据采集。

(7)点放样。

三、实验学时

2学时。

四、注意事项

(1)实习前须认真阅读实习指导书,明确本次实习的目的及要求。

(2)GPS是很贵重的精密仪器,在使用过程中要十分细心,以防损坏。

(3)电池、电缆插头要对准插进,用力不能过猛,以免折断。

五、仪器与工具

每小组4~6人,实习时每组领取Trimble-RTK(含电池与脚架)1套、记录板1块,自备记录纸等。

六、思考题

1. RTK测量系统的一般构成有哪些?

2. 影响RTK测量精度的因素有哪些?

3. 如何计算RTK测量数据的坐标转换参数?

实验三　GPS野外静态数据采集

一、实验目的、要求

(1)掌握GPS接收机野外静态数据采集的测量方法。

(2)理解GPS控制网的同步环、异步环的构网思想。

二、组织安排

每班分6组,每组4~6人。

三、实验仪器设备

每班实验仪器:6台套Trimble系列双频GPS接收机。

每组实验仪器:

(1)Trimble系列双频GPS接收机1台套。

(2)电池2块。

(3)基座1个。

(4)天线1个。

(5)天线电缆1根。

(6)供电电缆1根。

(7)天线连接套杆1个。

(8)2m钢卷尺1把。

(9)对讲机1个。

(10)记录板及记录表格。

四、实验学时

4 学时。

五、实验内容

在学校建好的 GPS 实验场地内，每批 3 组学生按规定时间同步采集 1～2 个同步环数据。

六、实验步骤

(1)按实验要求，在 GPS 观测墩上做好数据采集准备工作(安置 GPS 接收机天线、天线连接、电源连接)。

(2)开机搜索天空 GPS 卫星信号，直到 GPS 接收机解算出测站坐标，PDOP 值小于 5。

(3)进行数据采集前的 GPS 接收机参数设置(如：采样间隔 15 秒钟，高度截止角 15°，最小卫星数 5 颗)，6 个小组的 GPS 接收机参数设置要一致。

(4)数据采集条件满足后 6 个小组用对讲机约定同步采集起止时间，数据采集开始。

(5)做好观测期间的 GPS 数据记录工作。

(6)采集时间到，数据采集工作结束，收拾仪器进行下一个测量点的数据采集工作。

七、注意事项

同前次实习。

八、上交记录资料

GPS 数据采集记录表。

九、思考题

1. GPS 静态数据采集与传统测量有何不同之处？

2. GPS 选点应注意哪些事项？

3. 高度截止角的选取大小对 GPS 定位精度有何影响？

实验四　GPS 基线解算及网平差

一、实验目的、要求

(1)学会 GPS 接收机数据下载方法。

(2)掌握 GPS 基线解算方法与技巧。

(3)领会 GPS 网平差概念，掌握 GPS 网平差方法。

二、实验仪器设备

(1)6 台采集完数据的 GPS 接收机。

(2)每人 1 台联接局域网的计算机，以便从机房下载 GPS 数据和 GPS 基线解算、网平差软件。

三、组织安排

每班集中在计算机机房进行数据下载和 GPS 数据处理，每个学生 1 台联网的计算机。

四、实验学时

4 机时。

五、实验内容

(1)GPS 接收机数据下载及数据导入。

(2)GPS 基线解算。

(3)GPS 三维网、二维网无约束平差。

(4)GPS 三维网、二维网约束平差。

六、实验步骤

(1)按实验要求，从 6 台在野外采集完数据的 GPS 接收机上进行数据下载，并将数据上传至机房计算机。(数据上传工作由实习带队教师完成)

(2)从机房联网计算机下载相关数据及 GPS 基线解算、网平差软件。

(3)在本地计算机上安装 GPS 基线解算、网平差软件。

(4)参考相应 GPS 数据处理指导手册，进行 GPS 数据的导入及基线解算。

(5)GPS 基线处理完成后，进行 GPS 三维网、二维网平差。

(6)网平差完成后，将平差结果及平差总结报告以文本文件形式输出。

七、注意事项

注意机房上机秩序。

八、上交实验报告

提交 GPS 网平差结果以及上机报告。

九、思考题

1. 什么是 RINEX 格式？如何将接收机默认的观测数据转换成 RINEX 格式？

2. GPS 基线解算时，如果发现有基线结果超限，一般的解决方法有哪些？

3. GPS 无约束平差的目的是什么？

实验五 TGO 1.62 操作流程指南

一、建立 80 坐标系统

(1)单击 Trimble Office/功能/Coordinate System Manager，进入坐标管理器，用来定义当地直角坐标系统或自由坐标系(图 5－1)。

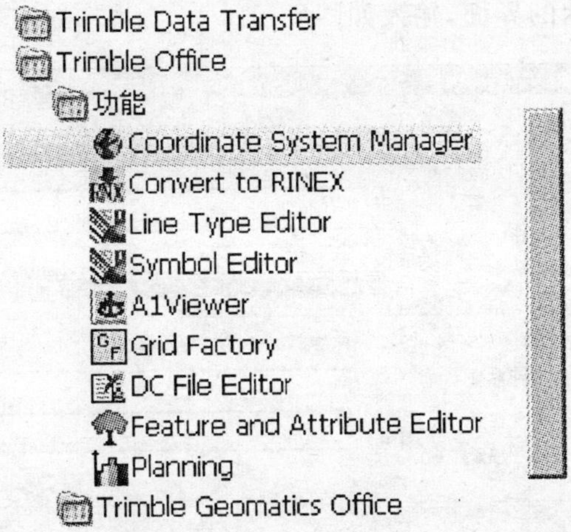

5-1　Timble Office 坐标系统管理器的开启

(2)单击椭球,右键在空白处单击增加新椭球:输入相应的椭球参数,只需长半轴和扁率即可(图 5-2)。

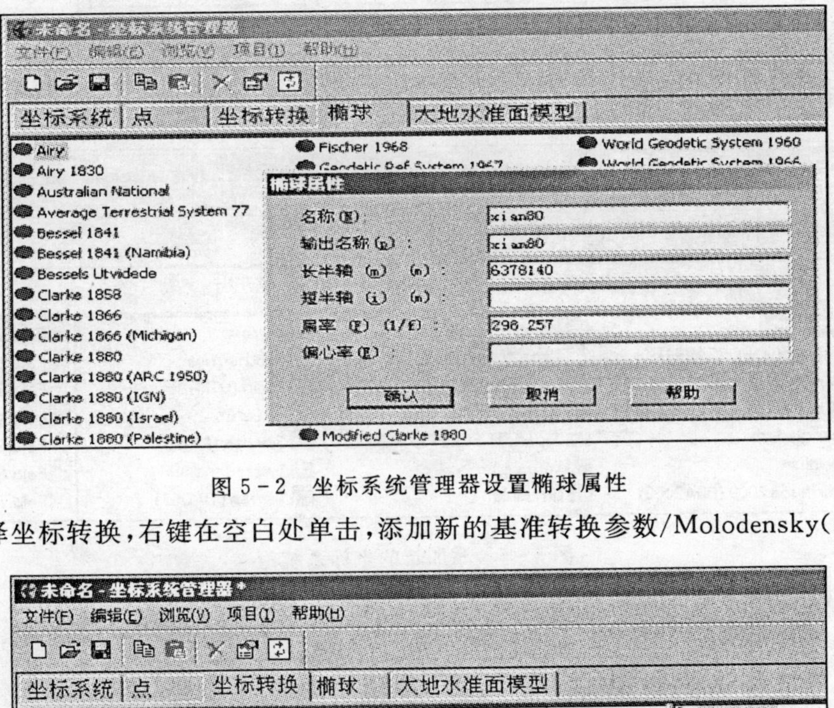

图 5-2　坐标系统管理器设置椭球属性

(3)选择坐标转换,右键在空白处单击,添加新的基准转换参数/Molodensky(图 5-3)。

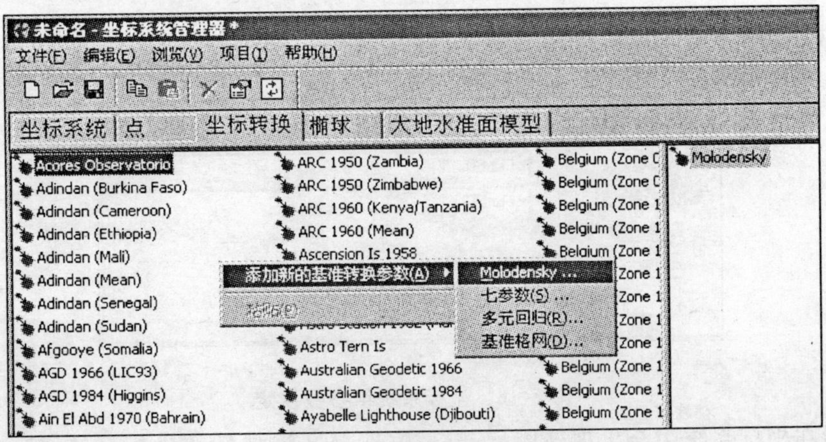

图 5-3　设置基准转换参数

会出现如图 5 - 4 所示的界面，输入如图所示。

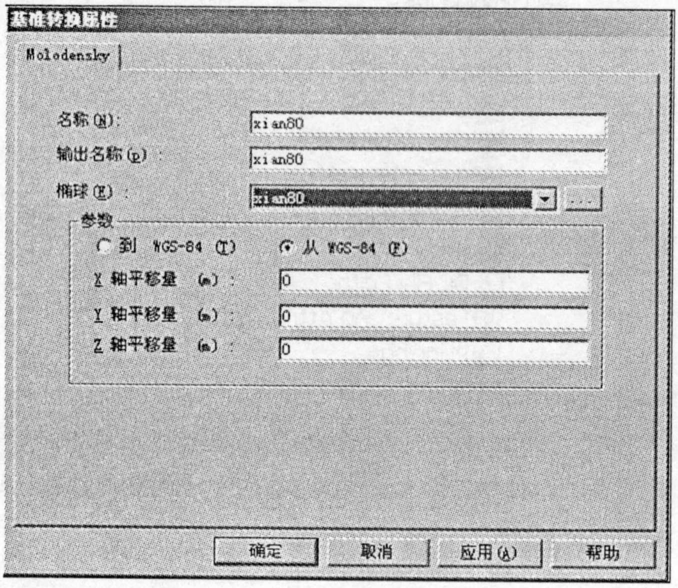

图 5 - 4　基准转换属性对话框

(4)选择坐标系统，右键在空白处单击，增加新的坐标系统组(图 5 - 5)。

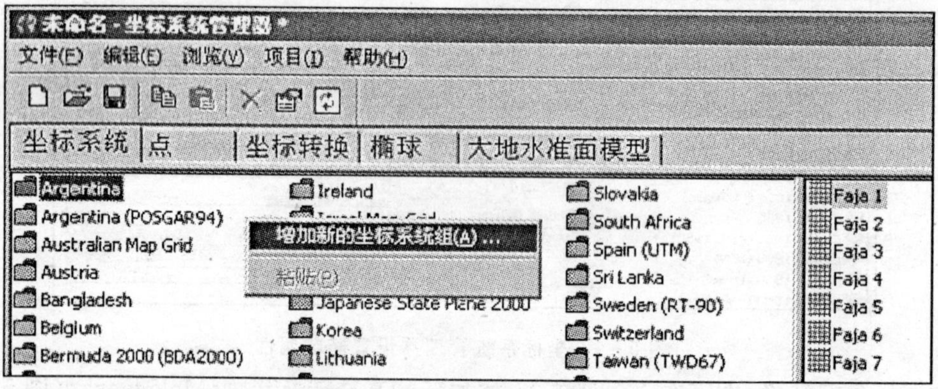

图 5 - 5　添加新的坐标系统组

会出现如图 5 - 6 界面，输入如图所示。

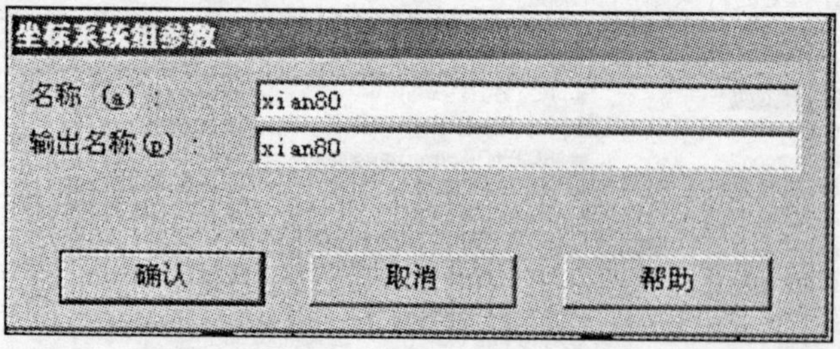

图 5 - 6　坐标系统组参数设定

(5)然后在坐标系统中会出现新图标 xian80，选择并添加新的坐标系统/横轴墨卡托投影(图 5 - 7)。

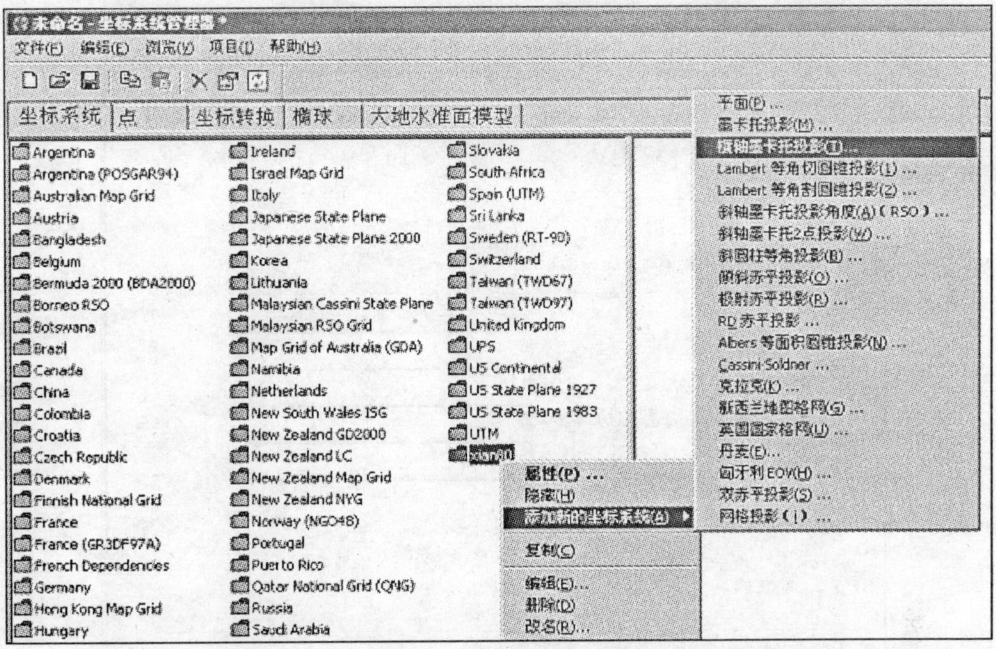

图 5-7　坐标系投影选择

会出现如图 5-8 界面，输入如图所示。

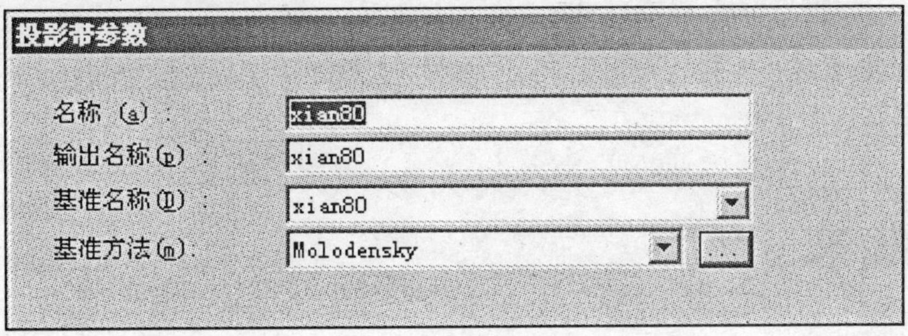

图 5-8　选择投影带参数

下一步如图 5-9 所示。

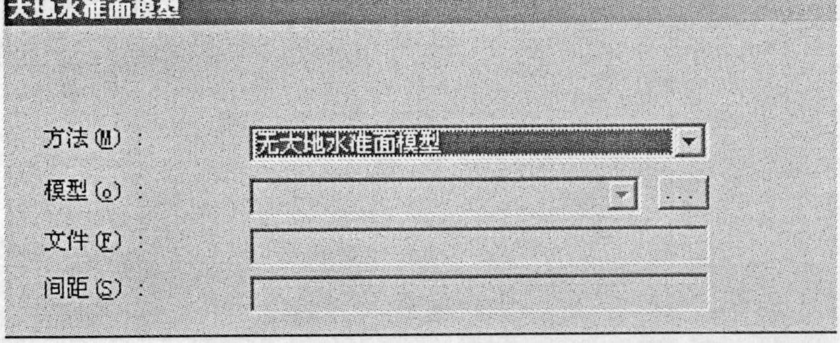

图 5-9　大地水准面模型

再下一步(中心经度为本地区中央子午线经度)，如图 5-10 所示。

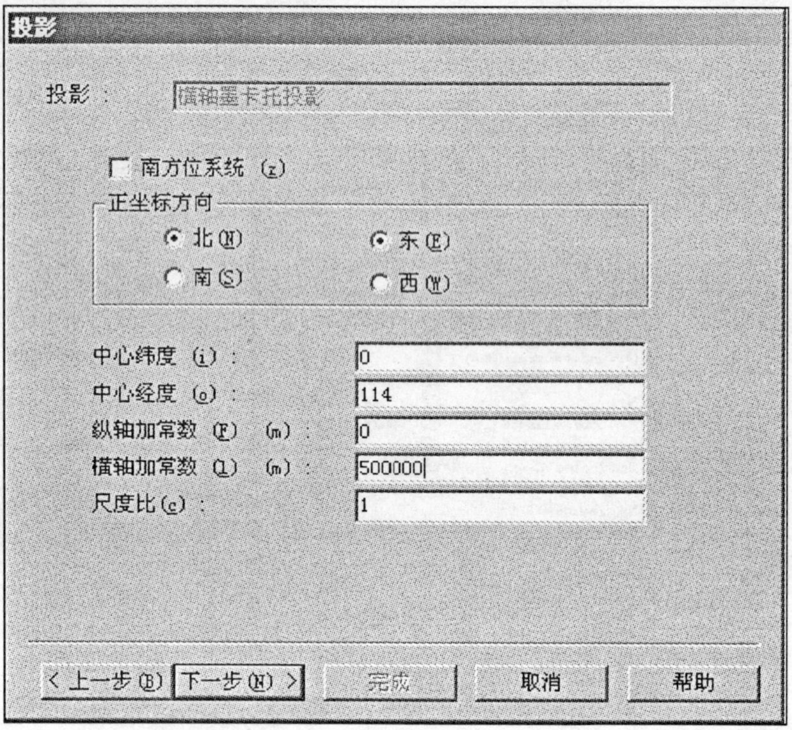

图 5-10　投影参数设定

单击下一步，选择完成，保存退出。

二、TGO 静态解算操作流程

1. 新建项目

如图 5-11 所示。

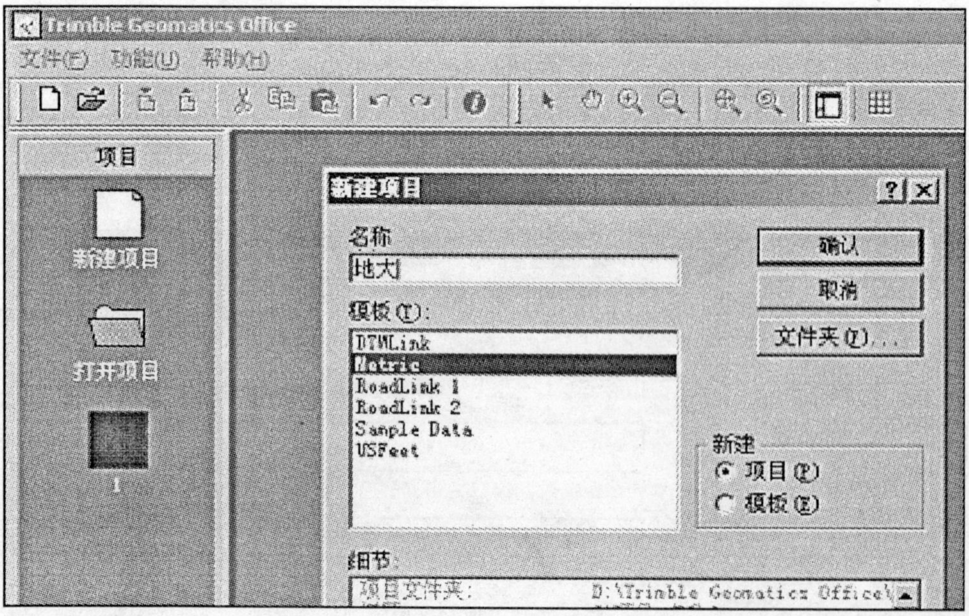

图 5-11　新建项目

确认后弹出项目属性对话框，对项目属性进行编辑，改变坐标系统为北京 54 坐标或西安 80 坐标。也可在文件工具条下项目属性中进行修改(图 5－12)。

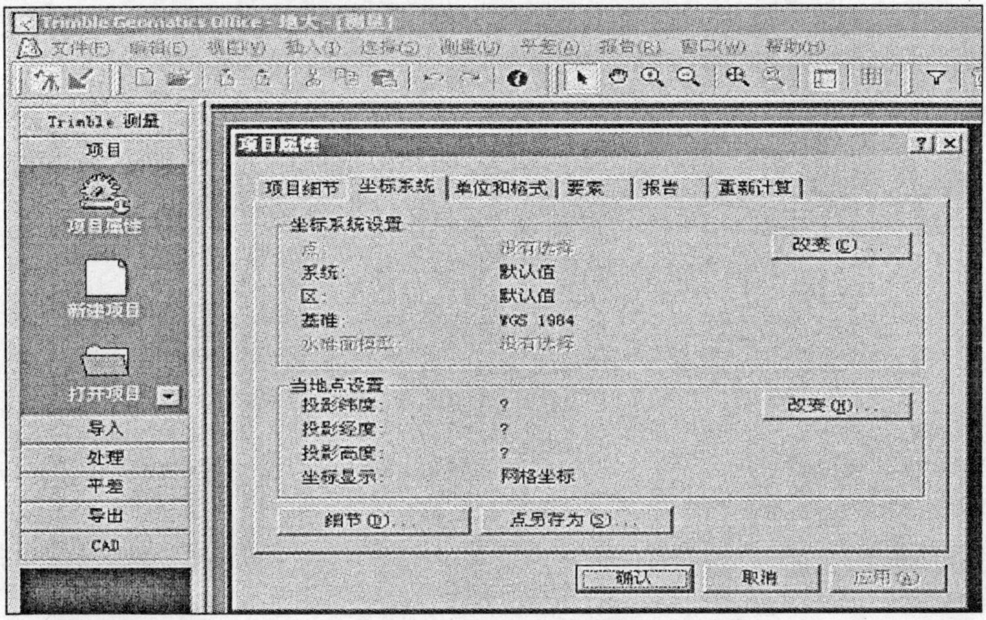

图 5－12　选择坐标系统

2. 导入数据

数据导入如图 5－13 所示。

图 5－13　数据导入

从仪器直接导入数据，如图 5－14 所示。

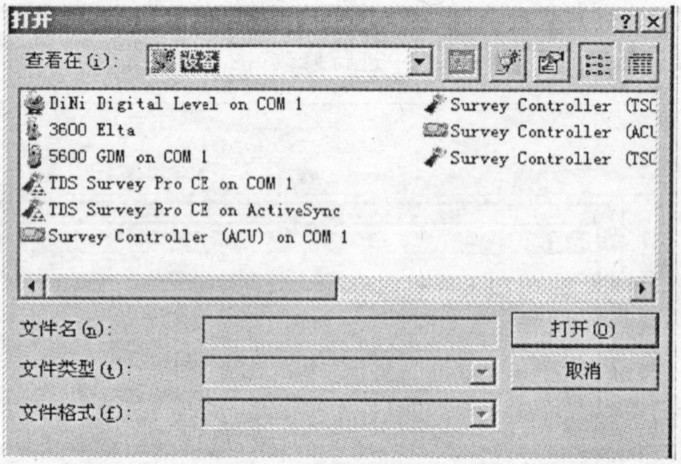

图 5-14　从仪器直接导入数据

单击图标,可以添加新的设备。选择好通讯端口,软件将自动连接接收机或设备,选择需要的数据,传输数据。数据将自动存储在该项目文件夹下。

如果数据存在硬盘上,则只需选择 GPS 数据文件,如图 5-15 所示,然后在保存数据的文件夹中找到 *.dat 的数据文件,如图 5-16 所示。

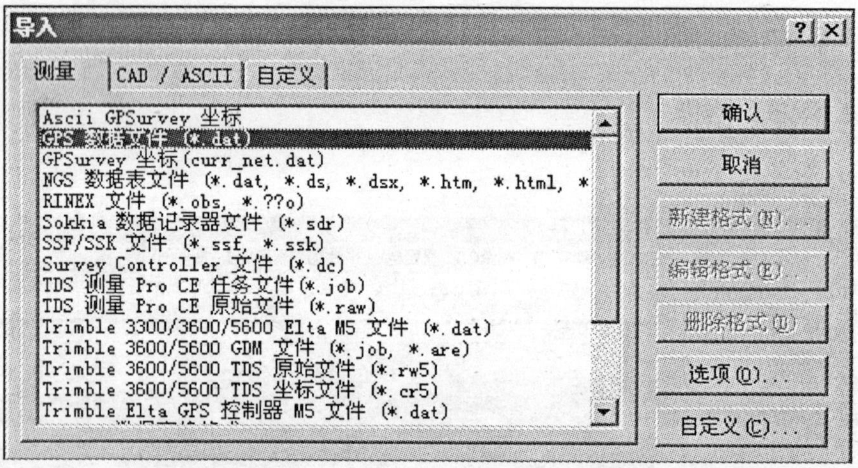

图 5-15　dat 文件导入

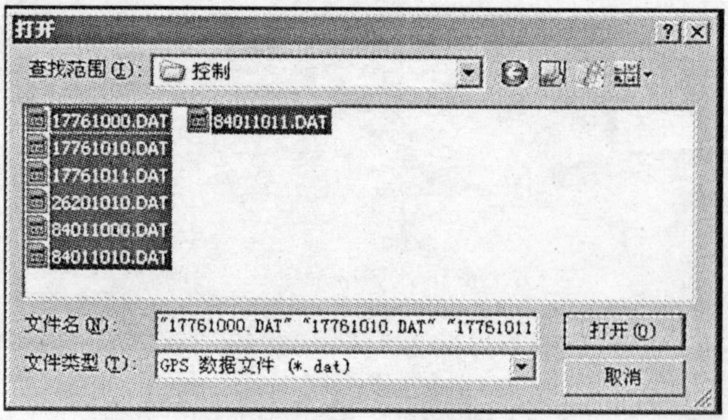

图 5-16　数据选择

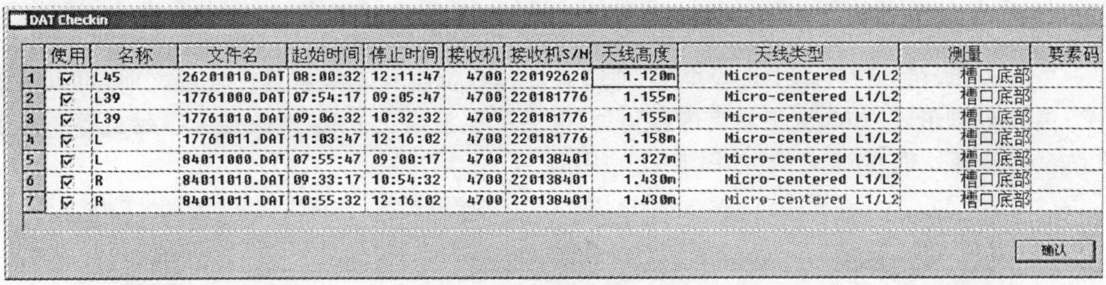

DAT Checkin

	使用	名称	文件名	起始时间	停止时间	接收机	接收机S/N	天线高度	天线类型	测量	要素码
1	☑	L45	26201010.DAT	08:00:32	12:11:47	4700	220192620	1.120m	Micro-centered L1/L2	槽口底部	
2	☑	L39	17761000.DAT	07:54:17	09:05:47	4700	220181776	1.155m	Micro-centered L1/L2	槽口底部	
3	☑	L39	17761010.DAT	09:06:32	10:32:32	4700	220181776	1.155m	Micro-centered L1/L2	槽口底部	
4	☑	L	17761011.DAT	11:03:47	12:16:02	4700	220181776	1.158m	Micro-centered L1/L2	槽口底部	
5	☑	L	84011000.DAT	07:55:47	09:00:17	4700	220138401	1.327m	Micro-centered L1/L2	槽口底部	
6	☑	R	84011010.DAT	09:33:17	10:54:32	4700	220138401	1.430m	Micro-centered L1/L2	槽口底部	
7	☑	R	84011011.DAT	10:55:32	12:16:02	4700	220138401	1.430m	Micro-centered L1/L2	槽口底部	

确认

图 5-17　数据检查

在图 5-17 所示数据表中，根据原始记录依次输入测站点的名称、天线高度、天线类型、测量位置。单击确定。

然后出现布网的图形，在视图中的点标记中选择名称，可在图中显示点的名称，如图 5-18 所示。

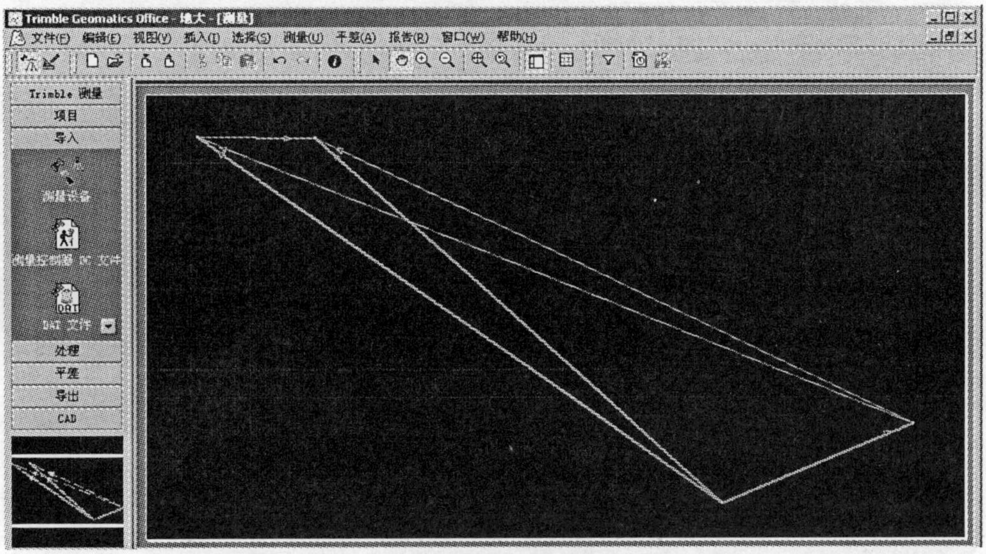

图 5-18　网形图

3. 选择视图/Timeline，可处理卫星观测数据。如图 5-19 所示。

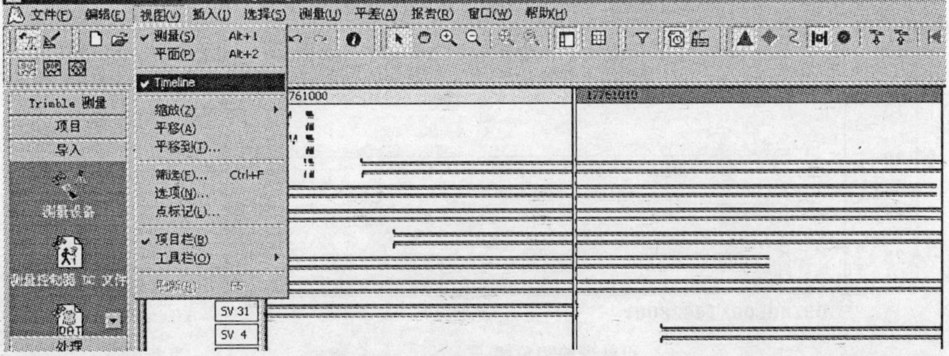

图 5-19　卫星观测值

处理时：对于观测时间很短的卫星观测值要去掉，在观测开始前几分钟的数据可去掉。

4. 基线解算

单击选择，在下拉菜单中选择全部，即所有的基线都进行基线解算。处理之前，可以编辑GPS基线处理形式：如改变卫星高度截止角、电离层模型改正方式、对流层天顶延迟等。然后在测量中选择处理GPS基线，如图5-20所示。

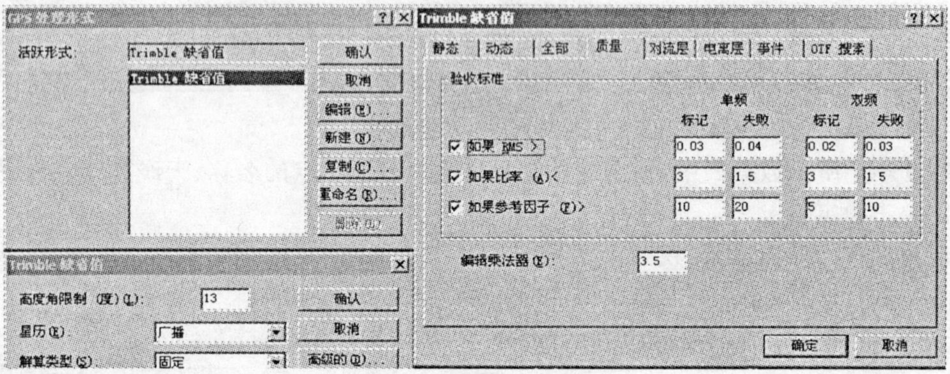

图5-20　GPS基线处理形式

处理完毕可以看到基线长度、解算类型、比率、参考变量、RMS等参数，点击保存（图5-21）。

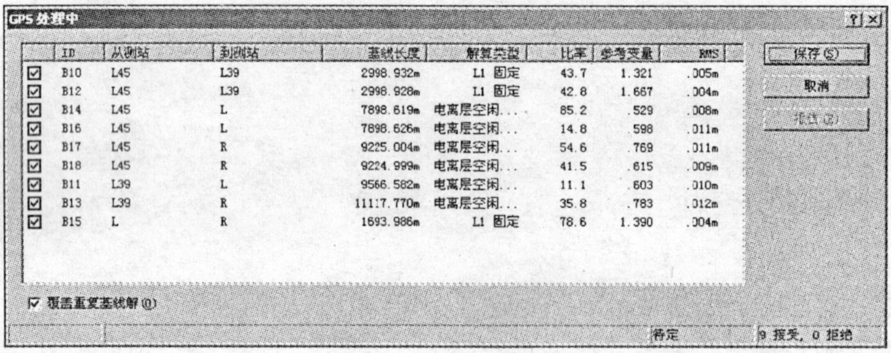

图5-21　基线处理结果

点击每条基线，可以查看基线解算报告，如卫星残差等，如图5-22、图5-23所示。

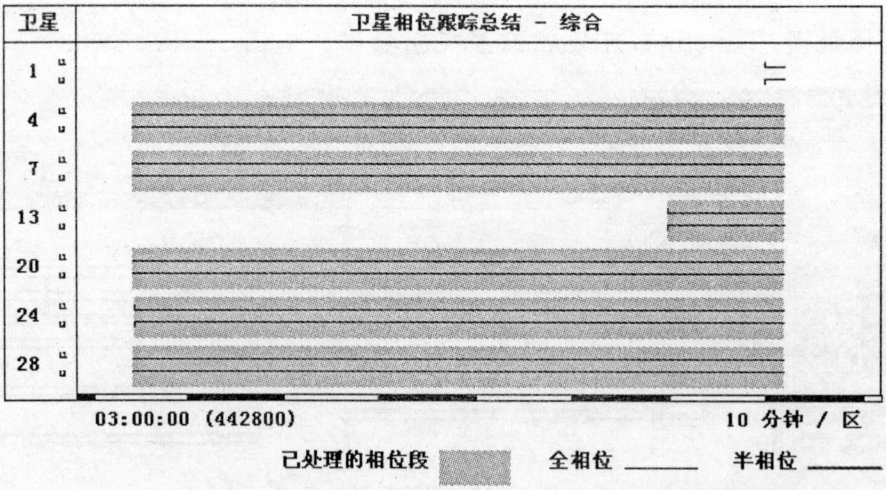

图5-22　基线卫星综合图

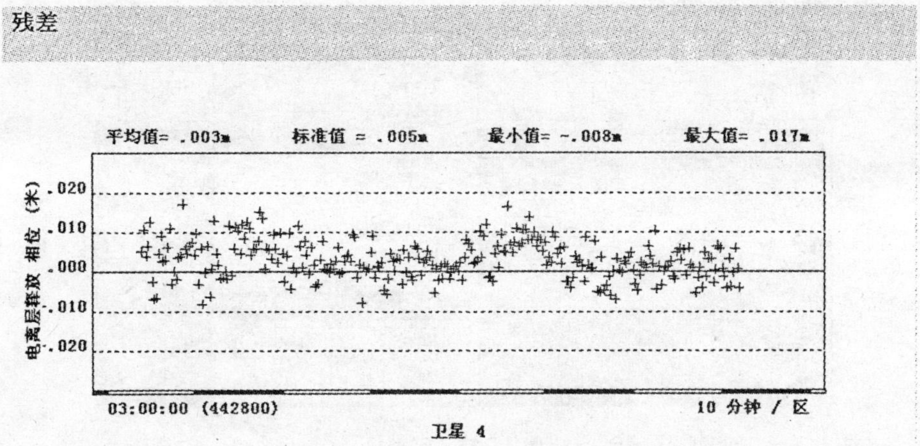

图 5-23 基线卫星残差图

基线解算完成后,从报告工具条下查看环闭合差报告(图 5-24)。

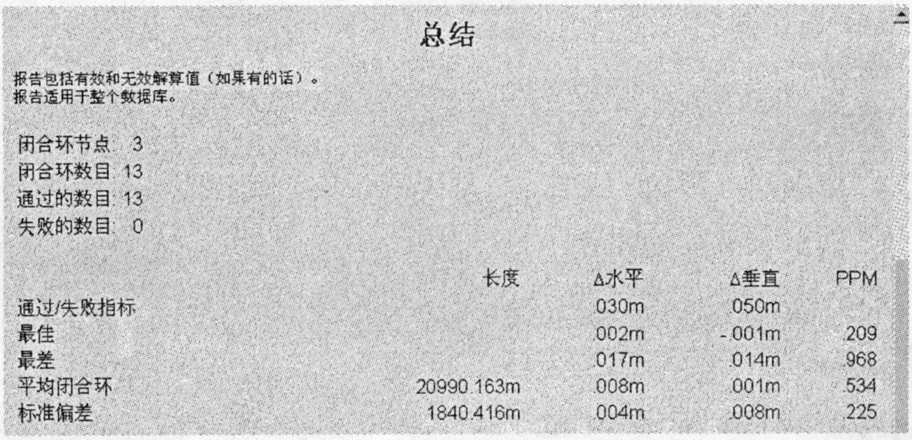

总结

报告包括有效和无效解算值(如果有的话)。
报告适用于整个数据库。

闭合环节点 3
闭合环数目 13
通过的数目 13
失败的数目 0

	长度	Δ水平	Δ垂直	PPM
通过/失败指标		.030m	.050m	
最佳		.002m	-.001m	.209
最差		.017m	.014m	.968
平均闭合环	20990.163m	.008m	.001m	.534
标准偏差	1840.416m	.004m	.008m	.225

图 5-24 基线解算环闭合差报告

5. 无约束平差

点击平差(A),在基准菜单中选择 WGS84 坐标,接着选择加权策略,然后点击平差,在报告中看结果(图 5-25,图 5-26,图 5-27)。

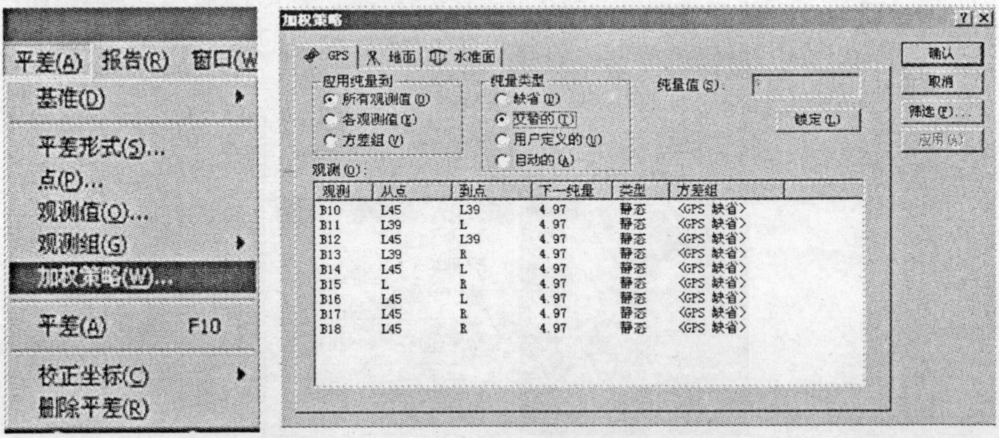

图 5-25 加权策略

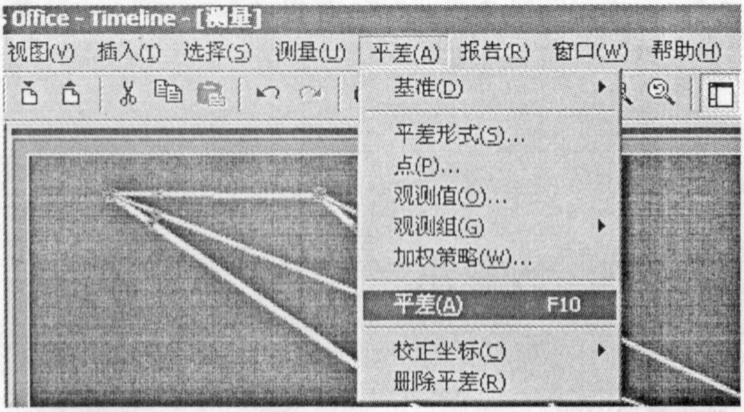

图 5－26　平差

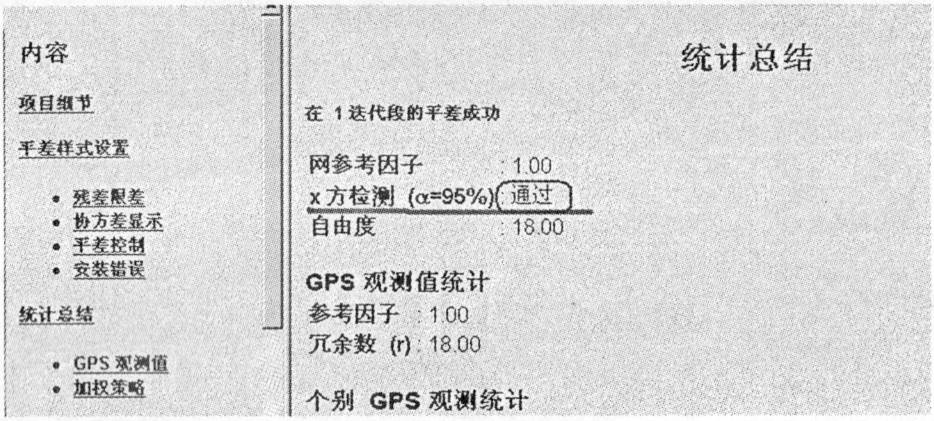

图 5－27　统计总结

如果统计检验通过则继续进行约束平差，失败则要再次进行加权策略调整，改变纯量类型，再次平差直到统计检验通过为止。然后查看网平差报告，查看点位误差及边长相对中误差，若满足要求，则将报告保存。

6. 约束平差

单击平差/基准，改变平差基准到所选择的坐标系统，然后单击点，输入已知点坐标。如图 5－28、图 5－29 所示。

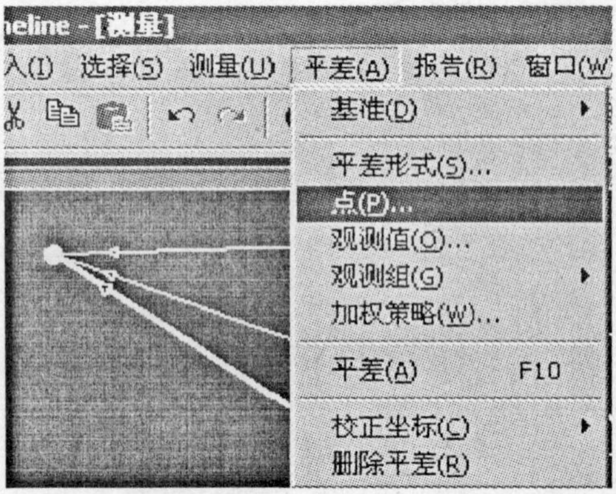

图 5－28　固定已知点

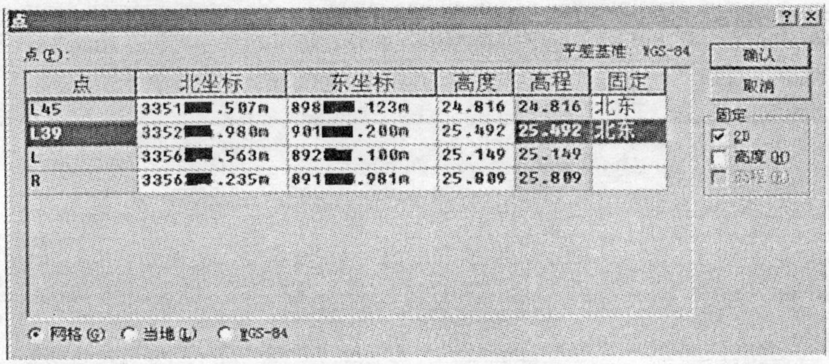

图 5-29　输入已知点坐标

对于平面坐标，应固定至少两个点，输入已知坐标，进行约束平差，看统计检验是否通过，通过报告查看未知点坐标及点位误差分量、边长相对中误差等是否满足精度要求(图 5-30)。

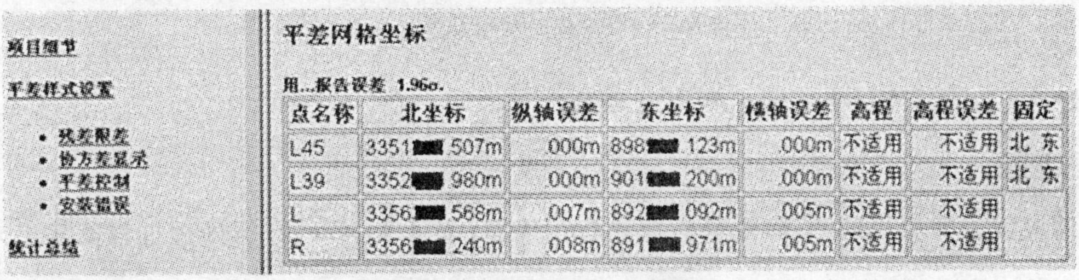

点名称	北坐标	纵轴误差	东坐标	横轴误差	高程	高程误差	固定
L45	3351[redacted].507m	.000m	898[redacted].123m	.000m	不适用	不适用	北 东
L39	3352[redacted].980m	.000m	901[redacted].200m	.000m	不适用	不适用	北 东
L	3356[redacted].568m	.007m	892[redacted].092m	.005m	不适用	不适用	
R	3356[redacted].240m	.008m	891[redacted].971m	.005m	不适用	不适用	

图 5-30　平差报告—网格坐标

7. 结果输出

如图 5-31，图 5-32 所示。

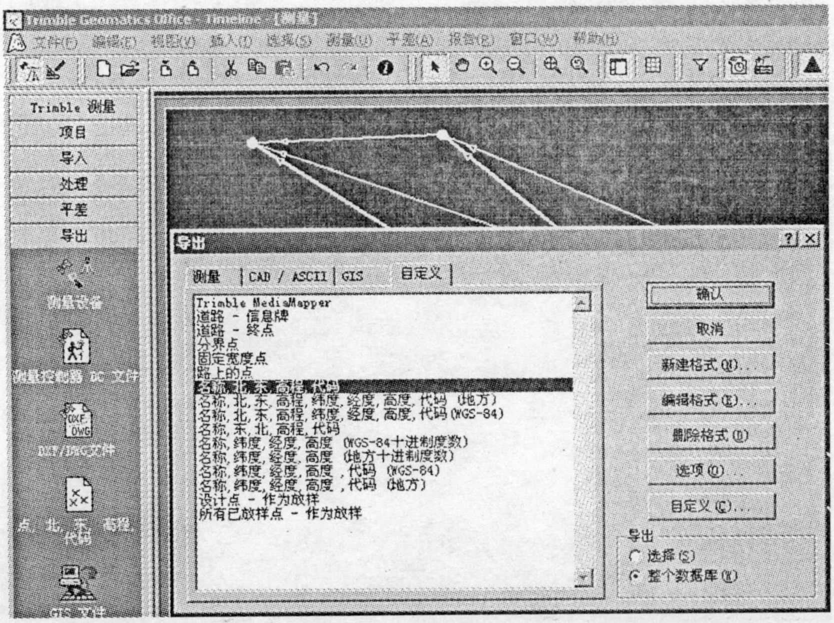

图 5-31　坐标结果输出

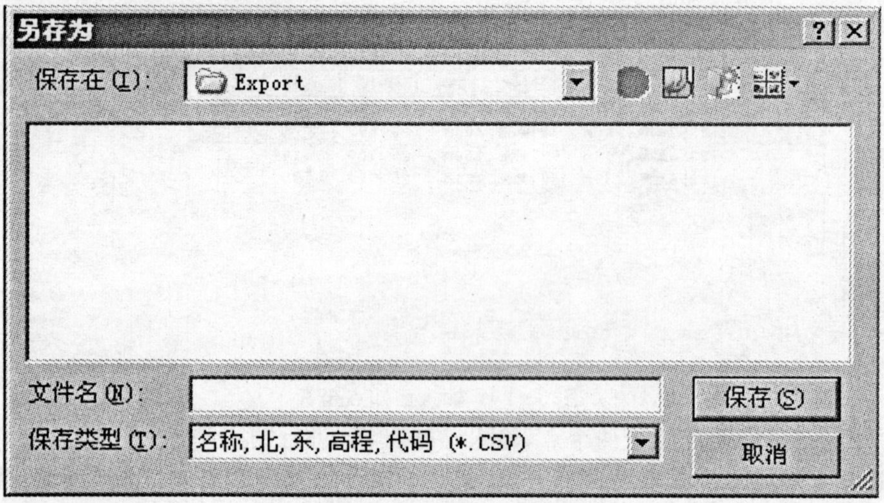

图 5-32 点位结果保存路径选择

文件会以 EXCEL 格式输出到指定目录。

三、思考题

请根据教师提供的 GPS 测量数据和起算数据,按照 TGO 的数据处理过程解算出未知点坐标。

第六章 遥感软件操作实验

实验一 影像预处理

一、目的和要求

掌握 ERDAS IMAGINE 数据处理软件，融会贯通各种预处理操作，利用原始影像数据制作满足需求的数据，主要内容有：

(1)通过几何校正纠正发生畸变的影像；

(2)研究区跨两幅及以上影像，需要将多幅影像进行拼接；

(3)将不同光谱分辨率与不同空间分辨率的影像进行融合以获得兼具高光谱和高分辨率特性的数据。

二、实验软件简介

本章遥感实习软件为 ERDAS IMAGINE 9.2。启动 ERDAS IMAGINE 9.2 软件，首先看到的是 ERDAS IMAGINE 9.2 的图标面板，每个图标代表一类功能，如图 6-1 所示。ERDAS IMAGINE 9.2 版本的 Professional 级共有图标面板 15 个，其比较常见的功能将在后面实验中一一介绍。

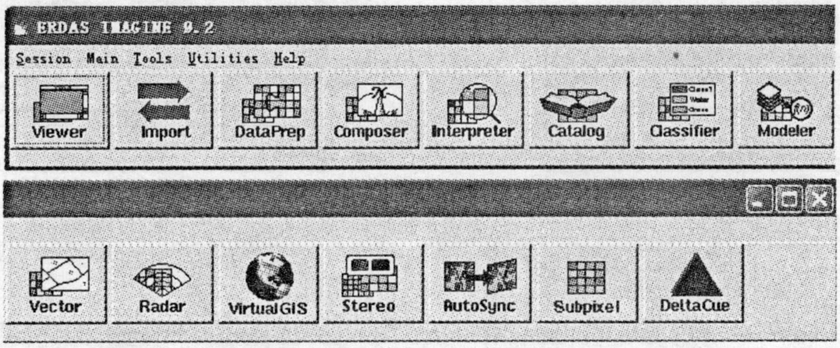

图 6-1 ERDAS IMAGINE 图标面板

三、实验内容

(1)影像几何校正。

(2)影像拼接。

(3)影像融合。

四、实验方法与步骤

(一)影像几何校正

由影像信息、控制点的精度、个数及分布、地形的复杂程度等要素来综合决定几何校正的方法。本章以多项式校正方法为例，其实现步骤如下：

(1)加载影像文件：

①在 ERDAS 图标面板工具条选择 Viewer 图标，得到 Viewer＃1；

②同步骤 1 再开一个新的窗口 Viewer＃2；

③在 Viewer＃1 菜单条选择 File ｜ Open ｜ Raster Layer 命令，打开 Select Layer to Add 窗口，选择需要的校正影像 *.img。选择 Raster Options 标签，选择 Display as 下拉条，按需要选择，例如灰色 Gray Scale，真彩色 True Colour；然后再选择相应的波段；选中 Fit to Frame 复选框，以使添加的影像全幅显示。单击 OK，加载需要校正的影像 *. img；

④同理，在 Viewer＃2 窗口中加载参考影像。

(2)启动几何校正模块：

①在 Viewer＃1 菜单条选择 Raster ｜ Geometric Correction 命令，打开设定几何校正模型(Set Geometric Model)对话框(图 6 - 2)；

②选择多项式变换，单击 OK，同时打开几何校正工具对话框(图 6 - 3)和几何校正模块属性(Polynomial Model Properties)对话框(图 6 - 4)；

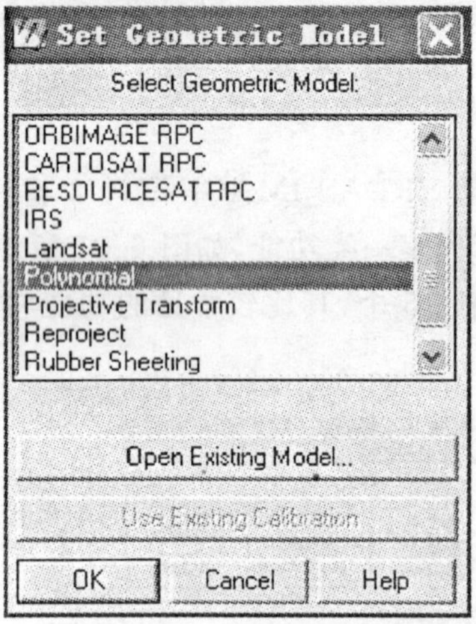

图 6 - 2　Set Geometric Model 对话框

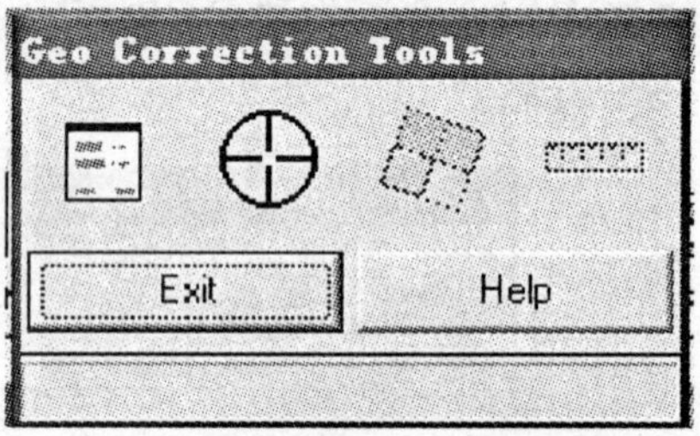

图 6 - 3　Geo Correction Tools 对话框

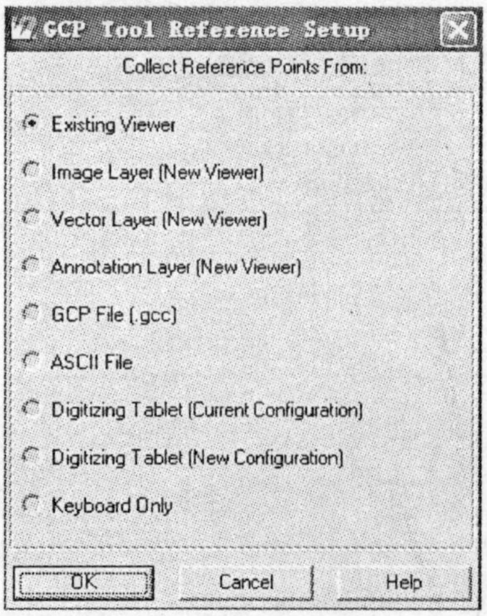

图 6 - 4　Polynomial Model Properties 对话框

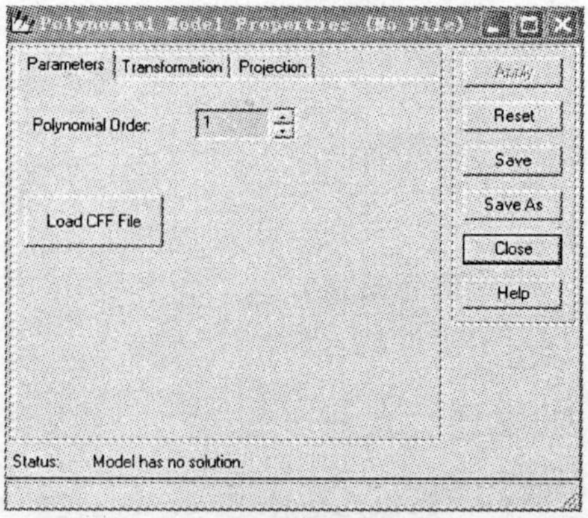

6 - 5　GCP Tool Reference Setup 对话框

③在 Polynomial Model Properties 中，根据控制点选择校正模型次数(Polynomial Order)例如 2 次，单击 Apply 按钮应用设置。单击 Close 按钮关闭当前对话框，打开 GCP Tool Reference Setup 对话框(图 6-5)。

(3) 启动控制点工具：

①在 GCP Tool Reference Setup 窗口选择采点模式，即选择 Existing Viewer 按钮。单击 OK 按钮关闭该窗口，打开 Viever Selection Instructions 指示器(图 6-6)；

② 鼠标点击显示作为地理参考影像的 Viewer＃2 窗口，打开 Reference Map Information 对话框(图 6-7)，显示参考影像的投影信息；

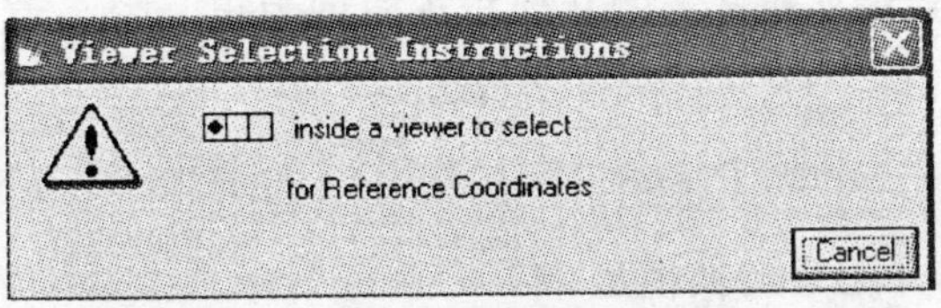

图 6-6　Viever Selection Instructions 指示器

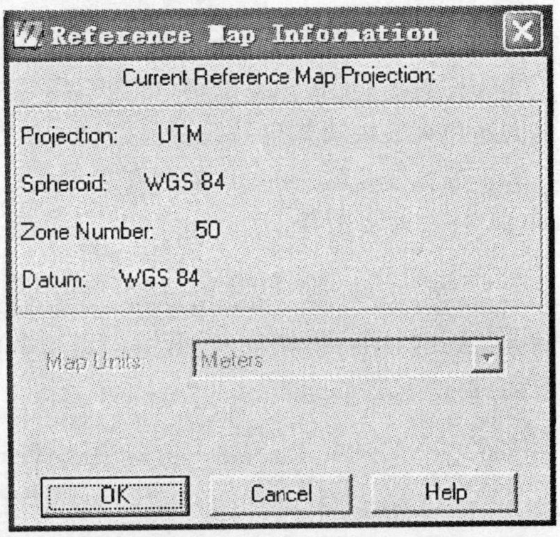

图 6-7　Reference Map Information 对话框

③单击 OK 按钮，整个屏幕将自动切换到如图 6-8 所示的状态。

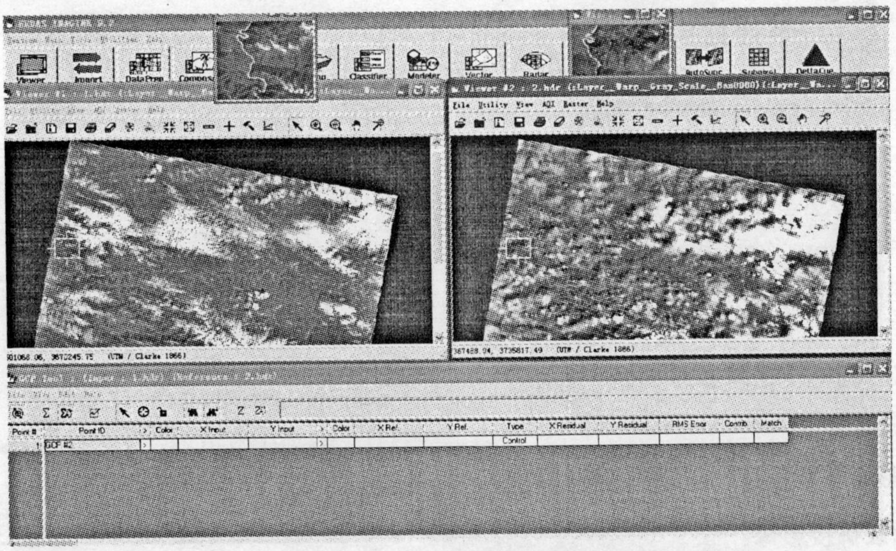

图 6-8　Reference Map Information 组合对话框

(4)采集地面控制点：

GCP 工具启动以后，默认情况下是处于 GCP 编辑模式，这时就可以在 Viewer 窗口中选择地面控制点，过程如下：

①在 Viewer＃1 移动关联方框，寻找特征明显的地物点，作为输入 GCP，并在 Viewer＃3 中单击图标确定相对应的点，GCP 数据表将记录一个输入 GCP，包括其编号(Point＃)、标识码(Point ID)、*X* 坐标(*X* Input)、*Y* 坐标(*Y* Input)；

②为使 GCP＃1 容易识别，单击 GCP 数据列表的 Color 列 GCP＃1 对应的空白处，在弹出的颜色列表中选择比较醒目的颜色，如黄色；

③在 Viewer＃2 移动关联方框位置，寻找对应的同名地物点，作为参考 GCP；

④在 Viewer＃4 中单击图标确定同名点，系统自动把参考 GCP 点的坐标(X Reference，Y Reference)显示在 GCP 数据表中；

⑤为使参考 GCP 容易识别，单击 GCP 数据列表的 color 列与参考 GCP 对应的空白处，在弹出的颜色列表中选择容易区分的颜色，如红色；

⑥不断重复步骤①～⑤，采集若干 GCP，直到满足所选定的几何校正模型为止。

(5) 计算转换矩阵：

在 Geo Correction Tool 窗口中，单击 Display Model Properties 按钮，打开 Polynomial Model Properties 对话框，在此查阅模型参数，并记录转换模型。

(6)影像重采样：

①在 Geo Correction Tool 窗口中选择 Image Resample 按钮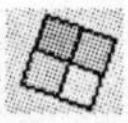，打开影像重采样对话框，如图 6－9 所示；

②输出影像(Output File)文件名以及路径；

③选择重采样方法(Resample Method)，这里选最邻近采样(Nearest Neighbor)；

④定义输出影像范围(Output Corners)，在 ULX、ULY、LRX、LRY 微调框中分别输入需要的数值；

⑤定义输出像元大小(Output Cell Sizes)，一般与数据源像元大小一致；

⑥选中 Ignore Zero in stats 复选框；

⑦单击 OK 按钮，关闭 Resample 对话框，执行重采样。

(7)保存几何校正模型。

(8) 检验校正结果。

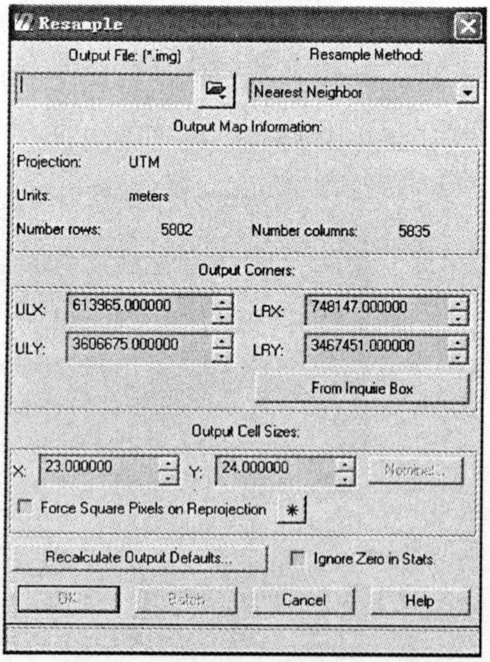

图 6－9　Resample 对话框

(二)影像拼接

(1)加载拼接影像：

①选择点击 DataPre 按钮，点击 Mosaic Images 按钮，打开 Mosaic Tool 工具对话框(图 6－10)，选择 Display Add Images Dialog 按钮，打开 Add Images 对话框；

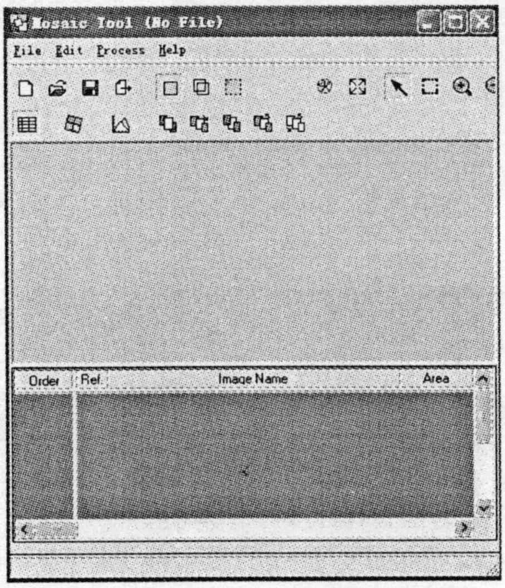

图 6-10　Mosaic Tool 工具对话框

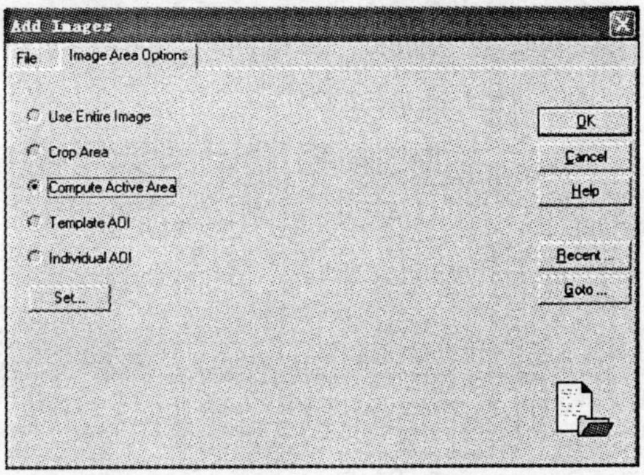

图 6-11　Image Area Options 对话框

②先选择窗口中的 File 选项卡，在路径中选择需要镶嵌的影像；

③再选择 Image Area Option 标签，进入 Image Area Options 对话框(图 6-11)，进行拼接影像范围选择。ERDAS 提供五种方法，在这里选择 Compute Active Area，并单击 Set 打开 Active Area Options 对话框(图 6-12)，设置其里面的参数；

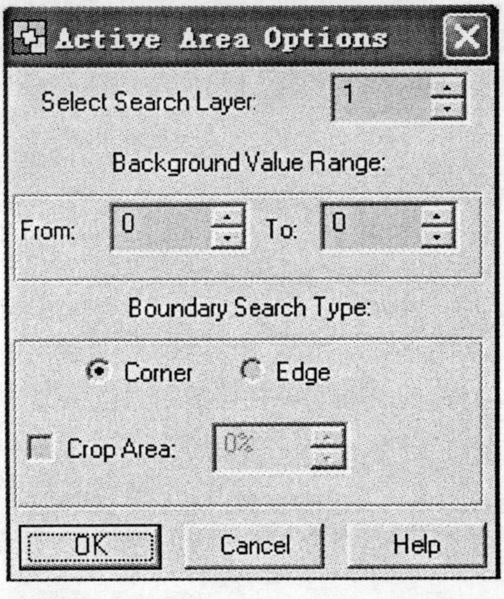

图 6-12　Active Area Options 对话框

④点击 OK 按钮，加载影像。

(2)影像重叠组合：只有两幅影像用于拼接，其重叠区是固定的，不需要做任何设置，而当有多幅影像需要拼接时，则需要在此进行图像重叠组合顺序调整，以设置较好的拼接方案。

①在 Mosaic Tool 工具条选择 Set Mode for Input Images 按钮 ，进入影像设置模式状态；

②选择任意一幅(或者多幅)影像,被选中影像将会高亮显示。根据需要,利用工具库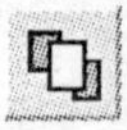,,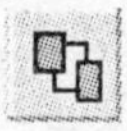,,对影像进行上移下移调整,确定拼接方案。

(3)影像匹配设置:

①在 Mosaic Tool 工具条选择 Display Color Correction 按钮,打开色彩校正(Color Corrections)对话框(图 6-13);

②选中 Use Histogram Matching 按钮,单击 Set,打开 Histogram Matching(直方图匹配)对话框(图 6-14),执行影像的色调调整;

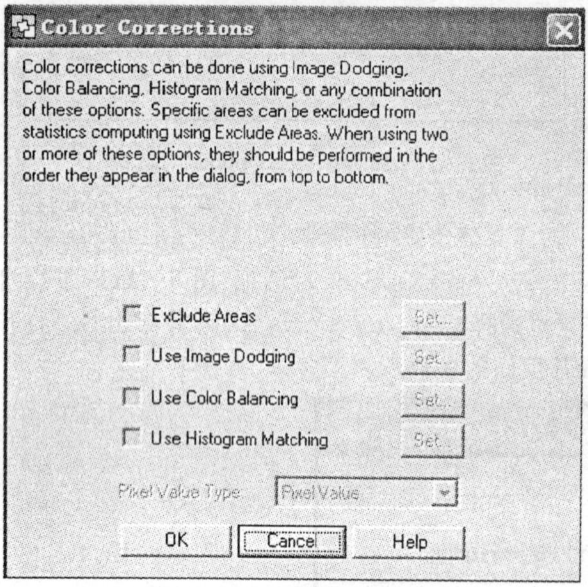

图 6-13　Color Corrections 对话框

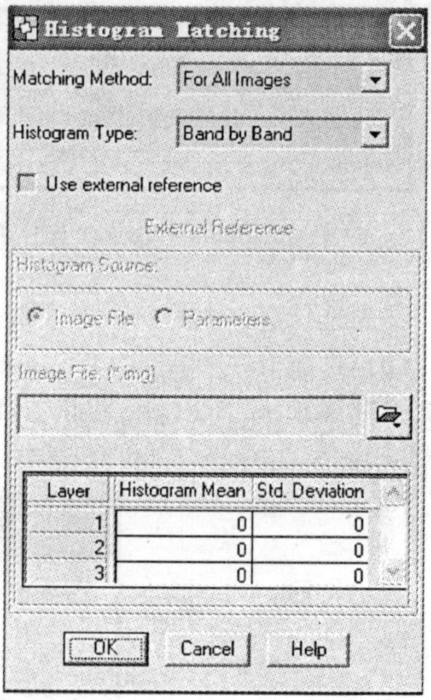

图 6-14　Histogram Matching 对话框

③匹配方法(Matching Method)为 Overlap Area,即只利用叠加区直方图进行匹配。直方图类型(Histogram Type)为 Band by Band,即分别从红绿蓝三个波段进行灰度的调整(如果是多波段,则表示逐波段进行一一对应的灰度调整);

④单击 OK 按钮,保存设置,回到 Color Corrections 对话框,在 Color Corrections 窗口中再次单击 OK 按钮退出;

⑤在 Mosaic Tool 工具条中选择 Set Mode for Intersection 按钮,进入设置影像关系模式的状态;

⑥在 Mosaic Tool 工具条选择叠加函数(Set Overlap Function)按钮,打开该对话框(图 6-15);

⑦设置叠加方法(Intersection Method)为无剪切线(No Cutline Exists),重叠区像元灰度计算(Select Function)为均值(Average),即叠加区各个波段的灰度值是所有覆盖该区域影像灰度的均值;

⑧单击 Apply 按钮应用设置,单击 Close 按钮关闭 Set Overlap Function 对话框。

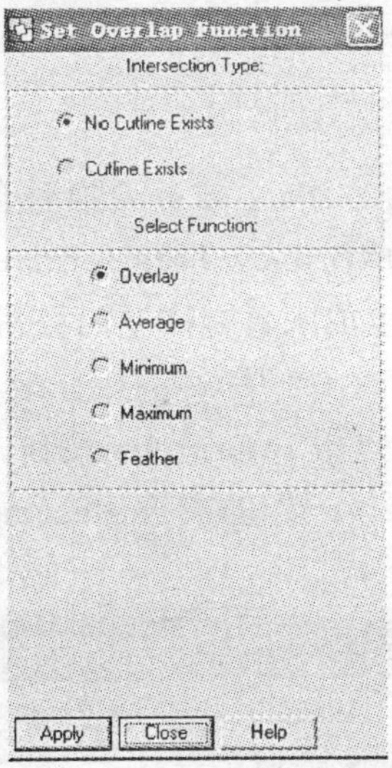

图 6-15　Set Overlap Function 对话框

(4)运行 Mosaic 工具：

①在 Mosaic Tool 工具条选择输出影像模型(Set Mode for Output Images)按钮，进入输出模式设置状态。选择 Run the Mosaic Process to Disk 按钮，打开 Output File Name 对话框；

②输出文件名为 *_mosaic. img，选择 Output Options 标签，选中忽略统计输出值(States Ignore Value)复选框；

③单击 OK 按钮，关闭 Run Mosaic 对话框，运行影像拼接，结果如图 6-16 所示。

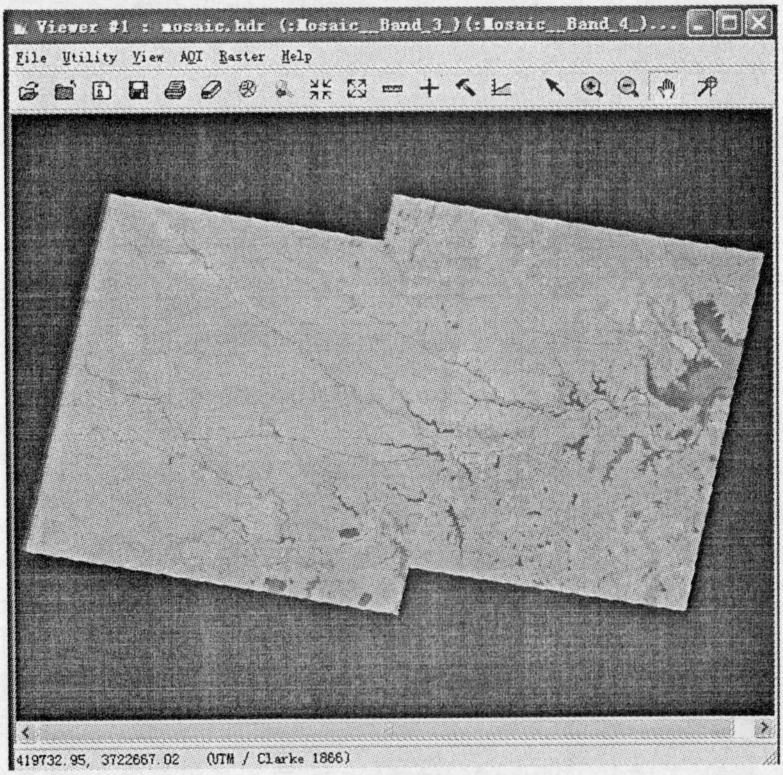

图 6-16　镶嵌结果影像图

(5)退出 Mosaic 工具。

(三)影像融合

ERDAS 软件主要提供三种融合方法：主成分变换融合(Principle Component)、乘积变换融合(Mutiplicative)和比值变换融合(Brovey Transformation)。

本例主要利用主成分变换方法生成既具有高空间分辨率，同时也包含高光谱信息的融合影像，具体步骤如下：

①在 ERDAS 图标面板菜单条，点击 Interpreter 按钮，在弹出的对话框中选择 Spatial Enhancement，然后选择 Resolution Merge 按钮，打开 Resolution Merge 对话框(图 6-17)。

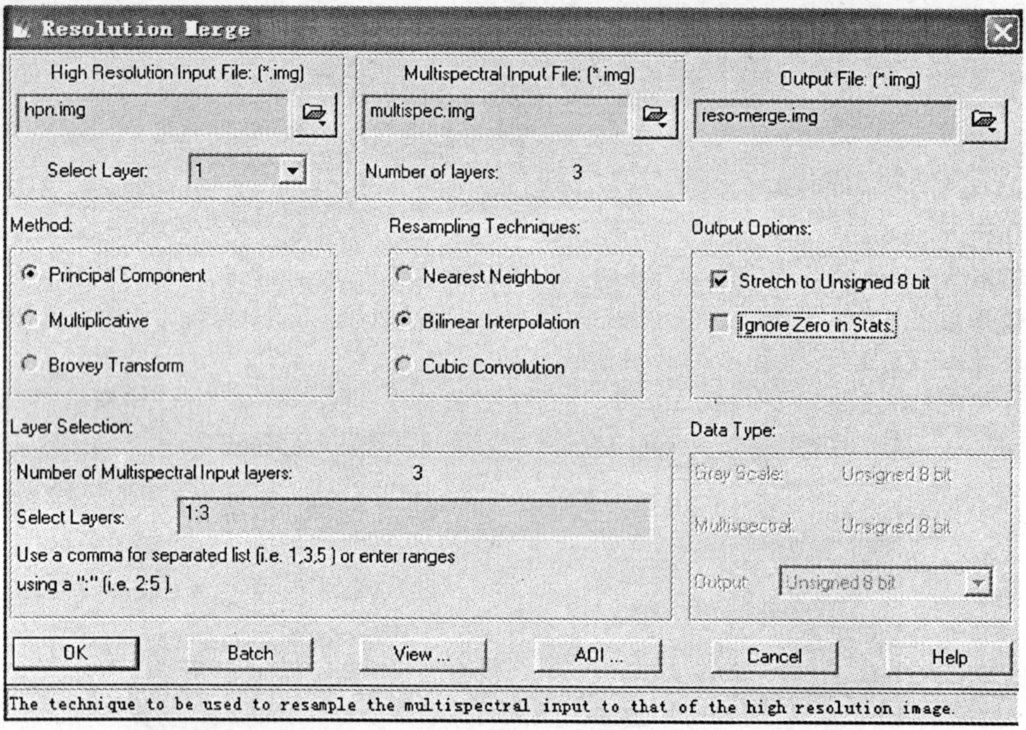

图 6-17 Resolution Merge 对话框

②确定高分辨率输入文件名(High Resolution File)；

③确定多光谱输入文件名(Multispectral Input File)；

④定义输出文件名(Output File)；

⑤选择融合方法(Method)，这里选用主成分变换法(Principle Component)；

⑥选择重采样方法(Resample Techniques)，这里设置为 Bilinear Interpolation 双线性插值；

⑦输出数据选择(Output Options)；

⑧输出波段选择(Layer Seletion)；

⑨单击 OK 按钮，关闭 Resolution Merge 对话框，执行分辨率融合，结果如图 6-18 所示。

图 6-18　影像融合效果图

五、注意事项

(1)几何校正中注意控制点的选取。

(2)图像拼接中要注意不同时期影像之间的色调调整、接缝线处理。

(3)影像融合注意不同传感器影像分辨率,坐标系统之间的统一。

六、思考题

1. 不同影像,如何选取控制点和几何校正模型?

2. 基于色调和基于坐标的影像拼接方法有什么不同?

3. 影像融合质量评价方法有哪些? 各有什么优缺点?

实验二　图像辐射增强实验

一、目的和要求

掌握 ERDAS IMAGINE 图像增强功能,主要掌握查找表拉伸、直方图均衡化、直方图匹配等方法,利用原始影像数据制作满足需求的数据。

二、实验软件平台

本章遥感软件操作实习平台为 ERDAS IMAGINE 9.2。

三、实验内容

辐射增强。

四、实验方法与步骤

ERDAS提供以下几种辐射增强功能：查找表拉伸、直方图均衡化、直方图匹配、亮度反转、去霾处理、降噪处理、去条带处理等。

(1)查找表拉伸：在ERDAS菜单上选择Interpreter按钮，选择Radiometric Enhancement，点击LUT Stretch命令，打开LUT Strech对话框(图6-19)。

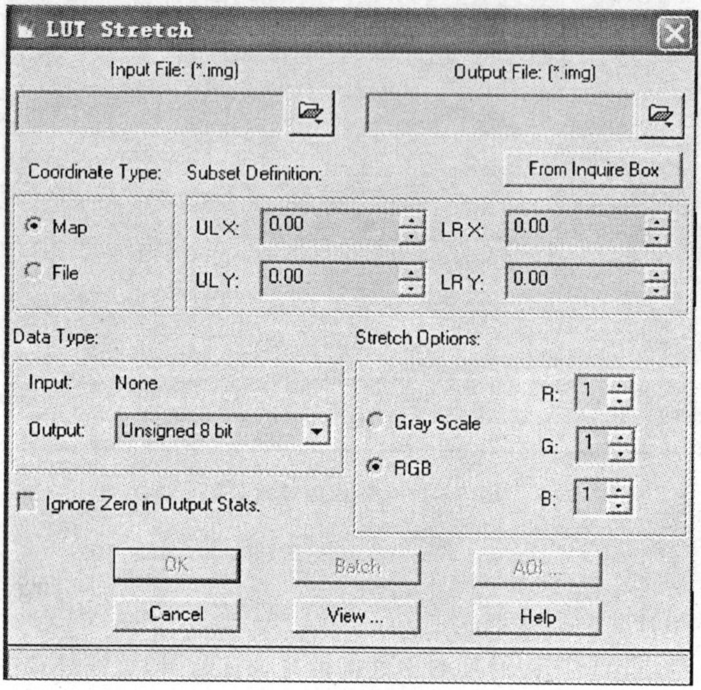

图6-19 LUT Strech对话框

在LUT Stretch对话框中进行设置，如图6-19所示。

①选择处理影像文件(Input File)为输入文件；

②设置输出文件(Output File)；

③Coordinate Type为Map；

④Subset Definition为处理的范围，在ULX/Y、LRX/Y中输入值；

⑤定义输出数据类型(Output Date Definition)为Unsigned 8 bit；

⑥Stretch Option为拉伸选项，这里选择RGB；

⑦选中Ignore Zero in Stats复选框；

⑧点击View窗口可以打开模型生成器窗口，浏览Equalization的空间模型，在里面可以修改查找表；

⑨点击Batch按钮可以进行批处理；

⑩单击OK按钮，进行查找表拉伸(LUT Strech)处理。

(2)直方图均衡化。对一个波段的影像进行直方图均衡化的具体步骤如下：

同前面的步骤一样，均衡化的方法选择Histogram Equalization命令，打开Histogram Equalization对话框(图6-20)。

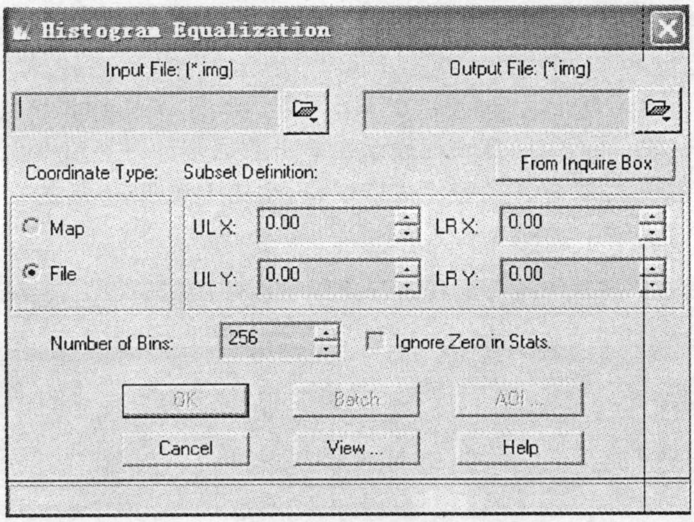

图 6－20　Histogram Equalization 对话框

在 Histogram Equalization 对话框中进行如下设置：

①选择处理影像文件为输入文件(Input File)；

②设置输出文件(Output File)；

③Coordinate Type 为 Map；

④Subset Definition 为处理的范围，在 UL X/Y、LR X/Y 微调框中输入需要的数值；

⑤Number of Bins 表示输出数据分段；

⑥选中 Ignore Zero in Stats 复选框表示在输出数据统计时忽略 0 值；

⑦点击 View 按钮可以打开模型生成器窗口，浏览 Equalization 的空间模型；

⑧单击 OK 按钮。

(3)直方图匹配：在 ERDAS 菜单上点击 Interpreter 按钮，选择 Radiometric Enhancement 点击 Histogram Matching 对话框(图 6－21)。

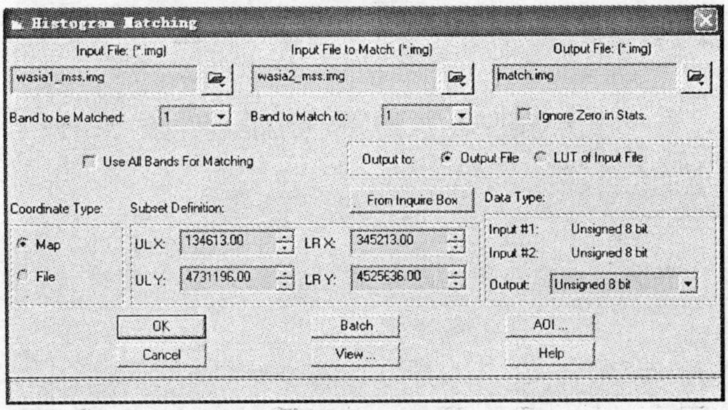

图 6－21　Histogram Matching 对话框

①选择处理影像文件(Input File)为匹配文件；

②选择输入匹配文件(Input File to Match)；

③设置输出文件(Output File)；

④Band to be matched 为需要匹配的波段；

⑤Band to match to 为匹配参考波段，也可以选择所有波段；

⑥Coordinate Type 为 Map；

⑦Subset Definition 为处理的范围，在 UL X/Y、LR X/Y 微调框中输入需要的数值；

⑧选中 Ignore Zero in Stats 复选框表示在输出数据统计时忽略 0 值；

⑨点击 View 按钮可以打开模型生成器窗口，浏览 Equalization 的空间模型；

⑩单击 OK 按钮，结果如图 6－22 所示。

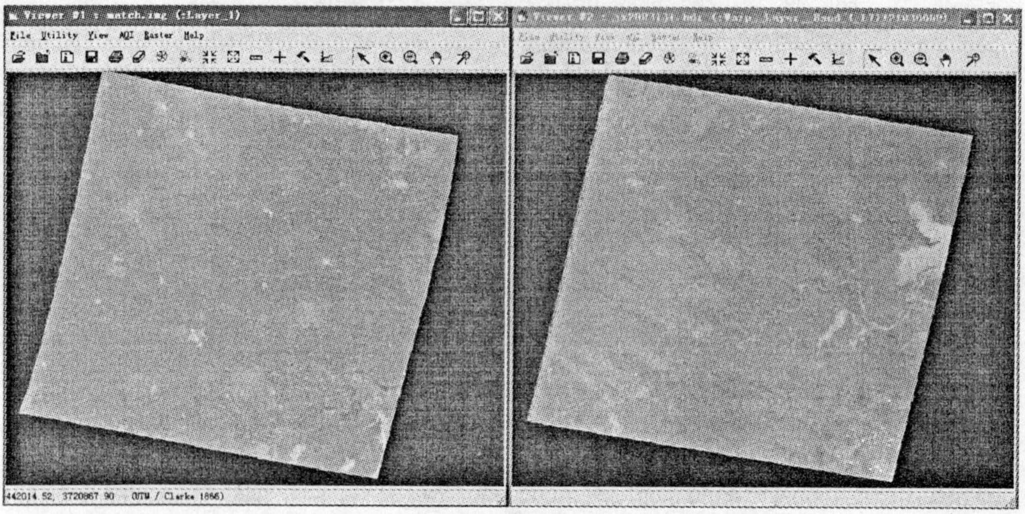

图 6－22　直方图匹配结果图

五、注意事项

根据影像的特点选择合适的增强方法。

六、思考题

各种增强方法有何优缺点？

实验三　图像分类实验

一、目的和要求

通过练习，熟练掌握并理解分类与聚类方法的原理及实现过程，体会每种方法在具体应用中的适应性。

二、实验软件平台

本章遥感软件操作实习平台为 ERDAS IMAGINE 9.2。

三、实验内容

(1)非监督分类。

(2)监督分类。

四、实验方法与步骤

(一)非监督分类

运用非监督分类对遥感影像进行分类的过程,主要分为以下两个步骤:

(1)启动非监督分类模块,选择输入、输出影像:

①在 ERDAS 面板中,点击 Classifier 按钮,点击 Classification,选择 Unsupervised Classification,打开非监督分类对话框,如图 6-23 所示;

②选择影像处理文件(Input Raster File)和输出文件(Output Cluster Layer Filename)设置分类影像和分类结果,并选择生成分类模板文件(Output Signature Set)产生一个模板文件。

(2)设置初始参数,执行非监督分类。在非监督分类对话框中分别设置聚类选项(Clustering Options)和处理选项(Processing Options):

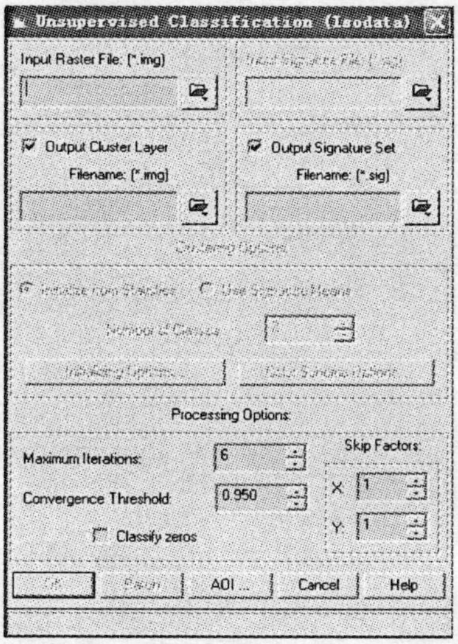

图 6-23 Unsupervised Classification 对话框

①选择 Classifier/Unsupervised Classification 命令,打开非监督分类对话框,如图 6-23 所示,设定输入输出数据,设置聚类选项(Clustering Options),确定初始聚类方法和分类数;

A. 系统提供 Initial/from Statstics 方法和 Use Signature Means,前者是按照影像的直方图统计值产生自由聚类,而后者是按照选定的模板文件进行分类,产生的类别数与模板的类别数一致;

B. 确定初始分类数(Number of Classes),一般设置为最终分类数的 2 倍;

C. 选择 Unsupervised Classification 面板中的 Initializing Options/File Statistics 选项,打开 File Statistics 选择窗口,在打开的窗口中设置 ISODATA 的统计参数:Initializing Means Along 和 Scaling Range 分别为计算初始均值所沿的轴和度量范围;

D. 选择 Unsupervised Classification 面板中的 Color Scheme Options/Output Color Scheme Option,设置分类影像颜色属性;

②设置处理选择(Processing Options),确定循环次数和阈值;

A. 在 Unsupervised Classification 面板中的 Processing Options 栏选定最大循环次数(Maximum Iterations),它指重新聚类的最大次数;

B. 设置循环收敛阈值(Convergence Threshold);

C. Skip Factor 为遍历窗口的大小；

D. 单击 OK 按钮，执行非监督分类。

(二)监督分类

(1)打开需要分类的影像：点击 ERDAS/Viewer 面板，打开需要进行分类的影像，并在 Raster Option 中设置显示的波段，选择 Fit to Frame。

(2)打开分类模板编辑器：选择 Classifer 图标/Classification/Signature Editor 命令，打开分类模板编辑器(Signature Editor)对话框，如图 6-24 所示。

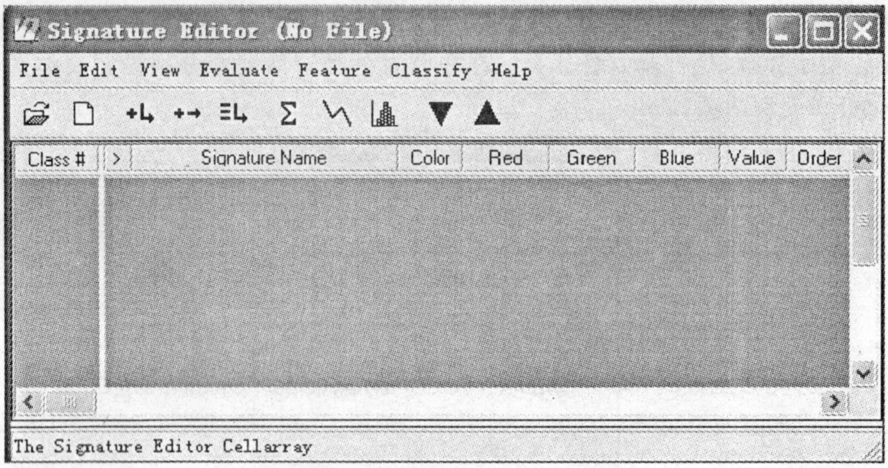

图 6-24 Signature Editor 对话框

(3)调整属性字段：选择分类编辑窗口的 View/Column，打开 View Signature Columns 对话框(图 6-25)，选中需要显示的字段，单击 Apply 按钮，显示发生变化，单击 Close 按钮完成。

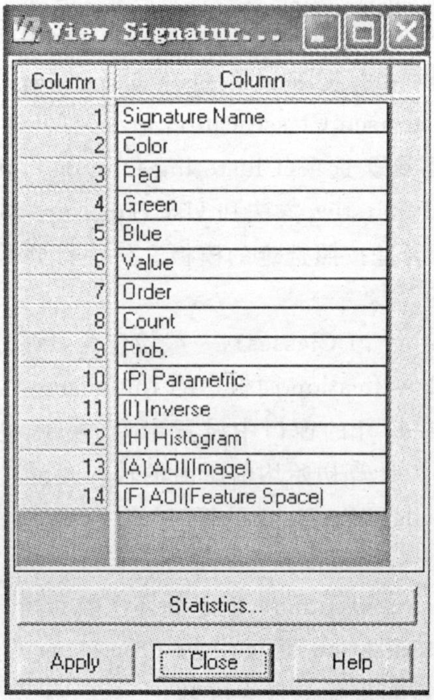

6-25 View Signature Columns 对话框

（4）选取样本：选取样本包括产生 AOI 和建立分类模板两个步骤。

①产生 AOI 的方法有四种，这里以第一种为例。

应用 AOI 绘图工具在原始影像上获取：

点击 Raster 按钮，选择 tool，打开 Raster 工具面板，选择按钮，进入 AOI 绘制状态，在窗口选择一种典型地物训练样地，绘制一个多边形 AOI；

②建立分类模板：

A. 在分类模板编辑器窗口，单击按钮，将多边形 AOI 区域加载到分类模板属性表中。在同样颜色的区域多绘制一些 AOI，分别加载到分类模板属性表中；

B. 在分类模板属性表中，依次单击这些 AOI（按住 shift 键），并在单击将所选中的模板合并成一个新的模板；

C. 在分类模板属性表中，单击 Edit | Delete，删除合并前的模板。并单击 Signature Name 进入状态，输入对应的类别名称，单击 Color 设置颜色；

D. 重复以上步骤将所有的类型建立分类模板。

（5）保存分类模板：选择 Signatrue Edit 面板/File/Save 命令，打开保存对话框，确定是保存所有模板（All），并确定保存分类模板文件目录和文件名，单击 OK 按钮即可。

（6）进行监督分类操作：在 ERDAS 面板中，点击 Classifier 按钮，点击 Classification，选择 Supervised Classification，打开监督分类对话框，如图 6－26 所示。选择分类方法确定即可。

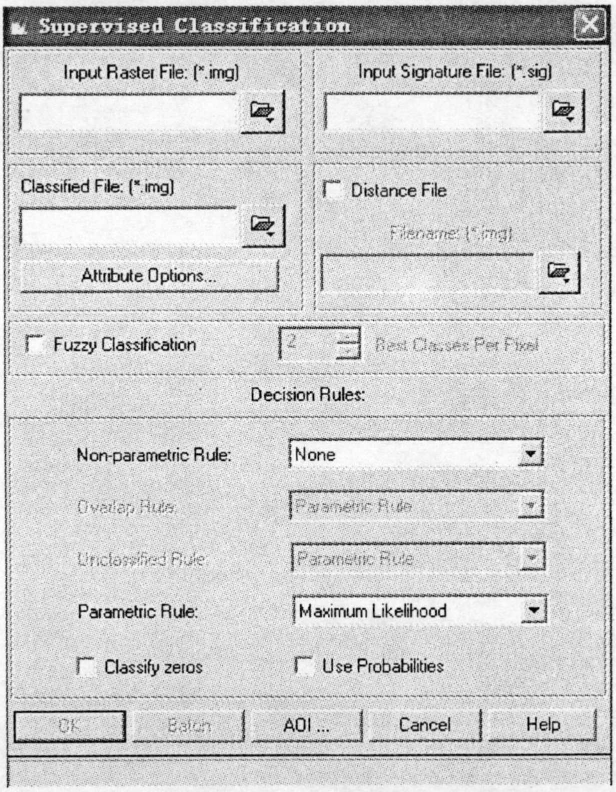

图 6－26 Supervised Classification 对话框

五、注意事项

监督分类的不同方法对样本要求不同，注意不同的方法对影像特征和样本特征的影响。

六、思考题

1. 样本选择结果（数量，精度）对分类结果精度有何影响？
2. 监督分类和非监督分类有哪些异同点？

第七章　数字测图课间实验

实验一　水准仪的认识及使用

一、实验目的

(1)了解并熟悉数字测图的基本思想和方法。

(2)熟悉全站仪的基本结构、功能和各操作部件的名称。

(3)掌握全站仪的基本操作方法。

(4)熟悉绘制草图的过程和软件成图的方法。

二、组织

每组 5～6 人。作业人员一般配置为:观测员 1 人,记录员 1 人,草图员 1 人,跑尺员 1～2 人。

三、实验仪器

全站仪(包括棱镜、棱镜杆、脚架、通讯电缆)1 套,对讲机 3 个、记录板 1 块,测伞 1 把。

四、实验内容

(1)控制测量。数字化测图包括两个阶段,即控制测量和地形特征点(碎部点)采集。实施数字测图之前必须先进行控制测量。通视条件好的地方,图根点可稀疏些;地物密集、通视困难的地方,图根点可密些(相当白纸测图时图根点的密度)。等级控制点尽量选在制高点。

由于是课间实验,所以控制点用学校已经做好的点进行测量,但要学会布设控制点的方法。在野外实习时再进行控制点选取。

(2)仪器与资料准备。实施数字测图前,应准备好仪器、器材、控制成果和技术资料。仪器、器材主要包括:全站仪、对讲机、电子手簿或便携机、备用电池、通讯电缆(若使用全站仪的内存或内插式记录磁卡,不用此电缆)、花杆、反光棱镜、皮尺或钢尺等。全站仪、对讲机应提前充电。在数字测图中,由于测站到镜站距离比较远,配备对讲机是必要的。

(3)熟悉仪器的构造,各种螺旋的作用。

(4)练习瞄准目标,调节目镜对光螺旋使十字丝清楚;再调节物镜对光使物象清楚,反复进行直到消除视差并精确瞄准目标。

(5)在测量过程中,能测到的点要尽量测,实在测不到的点用皮尺或钢尺量距,将丈量结果记录在草图上。

(6)每个人互换角色，从观测员、跑尺员到绘图员都应充分练习，了解并熟悉操作步骤。

五、实验步骤

(1)整置仪器。测站设置即安置仪器，包括对中、整平，按下仪器电源开关，转动望远镜，使全站仪进入观测状态，再按 MENU 键，进入主菜单。

(2)键入控制点的坐标。要输入测站点的坐标、高程和仪器高等。有的测图软件本身具有测站设置的功能，要求用户在对话窗中输入测站点号、后视点号以及安置仪器的高度，由程序自动提取测站点及后视点的坐标并反算后视方向的方位角。

(3)输入数据文件名。在主菜单下，输入数据采集文件名。这个文件名与内业输入控制点坐标的文件名相同。

(4)定向检核。为确保设站正确，必须要选择其他已知点做检核，不通过检核不能继续测量。

(5)碎步点测量。在数据采集菜单下，即开始碎步点测量。照准目标(棱镜)，依次输入点号、编码、目标高，选择某一测量方式或坐标开始测量、记录。绘图员进行绘制草图，要把所测点的属性及连接关系在草图上反映出来，供内业处理、图形编辑时使用。

(6)软件成图。将所测的数据传入电脑，并用相应的软件(CASS7.0)进行成图，成图过程参见软件说明书。

六、注意事项

(1)作为精密电子仪器，注意防雨防晒防尘。取出仪器后小心地安置在三脚架上，并立即旋紧仪器与三脚架的中心连接螺旋。

(2)草图的绘制要遵循清晰、易读、相对位置准确、比例一致的原则。依比例的规则的建(构)筑物只需测出三点，第四点可由计算机来完成。

(3)不规则的地貌应尽量能多测一些点，因为在传统测图中，一些细小的变化可通过手工来完成，但计算机的模拟是无法比较真实地反映出这些实际地形的。

(4)禁止观测员直接用望远镜观察太阳，以免造成眼睛失明。仪器装箱前应取下电池，取下电池前务必关闭电源开关。

(5)迁站时必须将仪器从三脚架上取下装箱搬运，并注意防震。目标不能瞄错，并应瞄准小三脚架中的测钎底部(同一位置)。

(6)仪器参数要正确设置。

(7)仪器工具若发生故障，应及时向指导教师或实验室工作人员汇报，不得自行处理。

七、应交成果

各组在实验结束后应及时将仪器送还实验室，将原始数据文件输入计算机，并上交观测记录表(见表 7-1)。

表 7-1 数字测量记录

日期：________ 测站：________ 观测者：________ 记录者：________

仪器高：________ 小组人员：________________________________

点号	视距	目标高	竖盘读数(m)	水平距离(m)	水平角	高程(m)

八、思考题

1. 为什么要进行测站检核？

2. 当地面一点的位置无法用极坐标法测定时，还可用什么方法测定？

3. 碎部点数据采集的作业方式怎样？

4. 全站仪与计算机进行数据通讯时需要设置哪些参数？

第八章　地籍测量课间实验

实验一　城镇土地权属调查

一、实验目的与要求

掌握土地权属调查的内容、方法，熟练掌握地籍调查表的填写和宗地草图的绘制方法，做到能够独立从事土地权属调查工作。

二、仪器和工具

(1)本实验安排4个课时。实习在野外进行，可在校内选取一个封闭的地块如幼儿园、附中等作为调查对象。

(2)每个小组准备经检校过的钢尺1副，记录板1块，自备铅笔1支，小三角板1块。

(3)每小组准备空白地籍调查表1份。

三、实验任务

(1)对选定的调查宗地进行权属调查。

(2)填写地籍调查表。

(3)绘制该宗地的宗地草图。

(4)编写实验报告。

四、土地权属调查的内容

(1)土地的权属状况，包括宗地权属性质、权属来源、取得土地的时间、土地使用者或所有者名称、取得土地的期限等。

(2)土地的位置，包括土地的坐落、界址、四至关系等。

(3)土地的行政区划界限以及相关的地理名称。

(4)土地的利用状况和级别。

五、土地权属调查的方法与步骤

1.准备工作

表册、仪器、工具的准备，收集调查区域的相关资料。

2.实地调查

包括现场指界、界标设定、实量界址边长、填写地籍调查表、绘制宗地草图等。

(1)界址指界：应由本宗地及相邻宗地指界人亲自到场共同指界，委托他人指界的应有委托书。

(2)界标设定：根据宗地的现场实际情况，选择合适的界标，填写宗地界址调查表时应特别注意标明界址线应在的位置，如界址点(线)标志物的中心、内边、外边等。

(3)实量界址边长：用检校过的钢尺丈量界址边长和相关边长，精确至 0.01m。

(4)填写地籍调查表：地籍调查表的填写方法和要求请参考《地籍测量》教材。

(5)绘制宗地草图：如图 8-1 所示，宗地草图的绘制方法和要求请参考《地籍测量》教材。

六、实验上交成果

依照《城镇地籍调查规程》提交下列成果：

(1)地籍调查表。

(2)宗地草图。

(3)实验报告。

七、注意事项

(1)丈量用的钢尺需进行检校，合格后方能使用。

(2)地籍调查表要做到图表与实地一致，准确无误，字迹清楚整洁。

(3)地籍调查表中各项目不得涂改，同一项内容划改不得超过两次，划改处应加盖划改人员印章或签名。

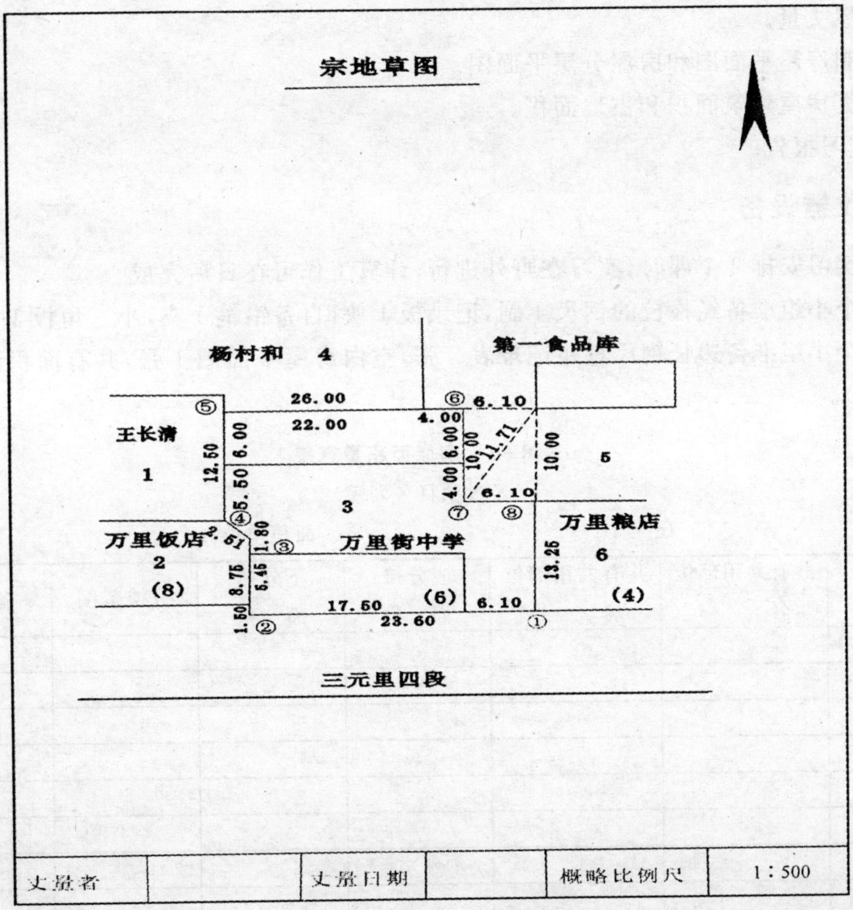

图 8-1 宗地草图样图

八、思考题

1. 简述土地权属调查的内容和基本程序。

2. 宗地草图应包括哪些主要内容？

3. 五种常用的界址标志分别适用于什么场合？

实验二　房屋面积调查

一、实验目的

(1)丈量一栋房屋的边长，计算该房屋基底的面积，绘制房屋的平面草图。

(2)丈量并计算该房屋的共有面积，根据共有面积分摊的原则和方法对共有面积分层(分户)进行分摊计算。

(3)掌握用钢尺进行房屋丈量的测量、记录和计算的方法。

(4)掌握房屋基底面积、建筑面积的计算方法。

(5)掌握共有面积分摊原则及分摊计算的方法。

二、实验任务

(1)房屋丈量。

(2)绘制房屋平面图和房屋分层平面图。

(3)计算房屋建筑面积和占地面积。

编写实习报告。

三、实习仪器设备

(1)本实习安排 2 个课时，实习在野外进行，计算工作可在日后完成。

(2)每个小组准备经检校的钢尺 1 副，记录板 1 块，自备铅笔 1 支，小三角板 1 块。

(3)每个小组准备边长钢尺量距记录表 2 张，空白房屋平面图 1 张，共有面积计算表 1 张见(表 8-1)。

表 8-1　房屋面积量算表

(××项目××幢)

丘 号：　　　　　　　　面积单位：m^2

层次	共有共用部位名　称	共有共用部位房　号	应分摊面　积	不分摊面　积	分摊范围	备注
合　计						

四、实验方法与步骤

首先选定校内或校外一栋多功能的多层独立建筑物，层数在10层左右为宜。实验小组由4人组成，2人量距，2人协助。

(1)沿房屋外墙拐角以上用钢尺丈量房屋的边长，每边丈量两次取其中数，如房屋的占地面积与房屋的底层建筑面积不相等，还要丈量房屋占地范围各边的边长。

(2)绘制房屋的平面示意图，并注记每个边长数据。

(3)用钢尺丈量房屋的共有部分的边长，如有各层情况不同，要分层丈量。

(4)绘制房屋分层共有面积示意图，并计算各层的分户建筑面积和共有面积。

(5)按房屋的几何形状，利用实量数据和简单的几何公式计算房屋的建筑面积和房屋的占地面积。

(6)按同样的方法计算房屋的共有面积，并利用以下公式计算各户的分摊面积：

$$k=\sum\delta p_i/P_i$$

$$\sum\delta p_i=kP_i$$

式中：δp_i 为各户应分摊的共有面积；P_i 为参加分摊的共有面积；$\sum\delta p_i$ 为需要分摊的面积。

五、注意事项

(1)钢尺操作要做到三清：零点清楚，尺子零点不一定在尺端，有些尺子零点前还有一段分划；读数认清，尺子读数要认清 m、cm 的注记和 mm 的分划数；尺段记清，尺段较多时，容易发生漏记的错误。

(2)钢尺容易损坏，为维护钢尺，应做到四不：不扭、不折、不压、不拖。用完擦干净后才可以卷入尺壳内。

(3)丈量用的钢尺需进行检校，合格后方能使用。

(4)丈量边长读数取至 cm。边长要进行两次丈量，两次丈量结果较差应符合下式规定：$\Delta D=\pm 0.04\times D$($D$ 的单位为 m)

(5)房屋面积测算的中误差 M_p，按下式计算：

$M_p=\pm(0.04\sqrt{P}+0.003P)$

式中：P 为房屋面积，单位为 m^2。

(6)房屋建筑面积使用的单位为 m^2，面积数取值位至 $0.1m^2$。

六、思考题

1.房屋面积调查的主要内容有哪些？

2.如何计算各户的分摊面积？

实验三　界址点测量

一、实验目的

掌握极坐标法、交会法、分点法、直角坐标法测量界址点的野外操作和内业计算方法。

二、实验任务

(1)分别用极坐标法、交会法、分点法、直角坐标法测量5～6个界址点坐标。

(2)制作界址点误差表

(3)撰写实习报告1份。

三、实验仪器设备

(1)每个小组配DJ6经纬仪1部(或全站仪1台),花干1根(棱镜1套),经检验的钢尺1副,钢钎4根。(有条件的最好采用全站仪和棱镜进行测量)

(2)每个小组记录板1块,水平角观测记录表1张,钢尺丈量记录表1张,界址点成果表1张。

(3)已知控制点成果表1份。

四、实验方法与步骤

本实习在野外进行,要求场地开阔,各小组之间尽可能不互相干扰。首先在室外埋设好控制点和界址点,也可以利用原有的控制点,埋设好界址点,界址点的位置与控制点位置的关系要满足各种测量方法的图形条件。实习小组由6人组成,轮流操作和记录。

(1)根据控制点和待测界址点分布情况确定对哪些界址点采用哪种方法进行测量。

(2)极坐标法。如图8-2所示,在一控制点上架设经纬仪,测出已知方向和界址点之间的角度,用钢尺量测测站点与界址点之间的距离,来确定界址点的位置(如采用全站仪进行测量,应考虑目标偏心问题)。

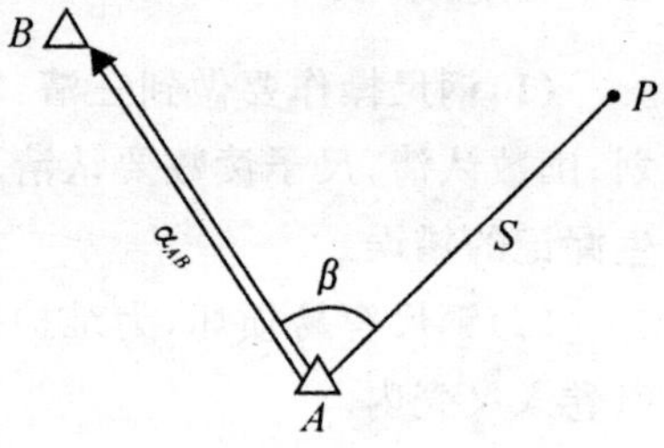

图8-2　极坐标法图示

$$\alpha_{AB}=\arctan\frac{Y_B-Y_A}{X_B-X_A}$$

$$X_p=X_A+S\cos(\alpha_{AB}+\beta)$$

$$Y_p=Y_A+S\sin(\alpha_{AB}+\beta)$$

(3)角度交会法。如图8-3所示,分别在两个控制点上设站,在两个测站点上测量两个角度进行交会以确定界址点的位置。

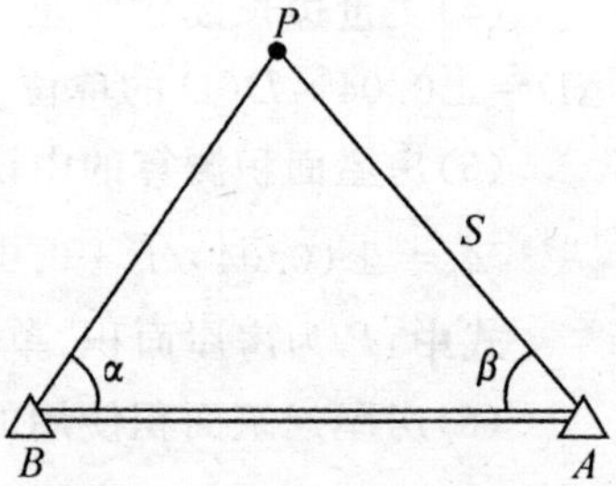

图8-3　角度交会法图示

$$X_p=\frac{X_B\cdot\cot\alpha+X_A\cdot\cot\beta+Y_B-Y_A}{Y\cot\alpha+\cot\beta}$$

$$Y_p=\frac{Y_B\cdot\cot\alpha+Y_A\cdot\cot\beta-X_B+X_A}{\cot\alpha+\cot\beta}$$

(4)距离交会法。如图8-4所示,在两个控制点上分别量出至一界址点的距离,从而确定界址点的位置。

$$S_{AB}=\sqrt{(x_B-x_A)^2+(y_B-y_A)^2}$$

$$\alpha_{AB}=\tan^{-1}\left(\frac{y_B-y_A}{x_B-x_A}\right)$$

$$\beta=\cos^{-1}\left(\frac{S_1^2+S_{AB}^2-S_2^2}{2S_1S_{AB}}\right)$$

$$\alpha_{AP}=\alpha_{AB}+\beta$$

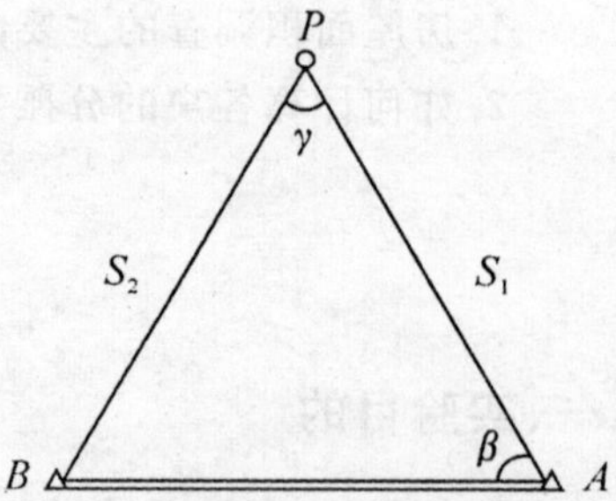

图8-4　距离交会法图示

(5)内外分点法。如图 8－5 所示，当界址点位于两个已知点的连线上时，分别量测出两个已知点至界址点的距离，从而确定界址点的位置。分为内分点法和外分点法。

$$\begin{cases} x_p=\dfrac{x_A+\lambda x_B}{1+\lambda} \text{内分时} \lambda=\dfrac{S_1}{S_2} \\ y_p=\dfrac{y_A+\lambda y_B}{1+\lambda} \text{外分时} \lambda=-\dfrac{S_1}{S_2} \end{cases}$$

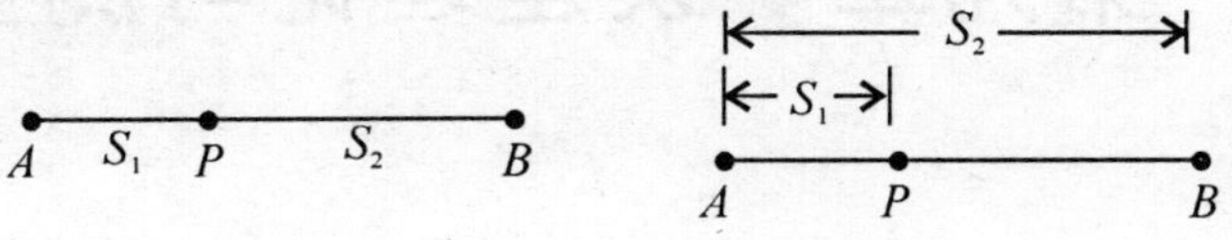

图 8－5　内外分点法图示

(6)制作界址点坐标误差表，见表 8－2、表 8－3。

表 8－2　界址点坐标误差表

界址点号	测量坐标		检验坐标		比较结果		
	X/m	Y/m	X/m	Y/m	Δ_X/cm	Δ_Y/cm	Δ_S

表 8－3　界址间距误差表

界址边号	实量边长/m	反算边长/m	检测边长/m	ΔS_1/m	ΔS_2/m	备注

五、注意事项

(1)极坐标法一般都是用 $DJ6$ 经纬仪测角，用测距仪或鉴定过的钢尺量距，其测站点可以是基本控制点、图根控制点；角度交会法一般用于测站上能看见界址点的位置，但无法测量出测站点至界址点的距离的情况；内外分点法必须是界址点位于已知点的连线上。

(2)当采用角度交会法时，交会角应在 30°～150°的范围内。采用距离交会法时，交会角亦应在 30°～150°的范围内，并且界址点在已知点连线的投影位置要在两已知点之间。

(3)界址点相对于邻近控制点的点位中误差不应超过 10cm。

(4)对界址点坐标计算，每个人必须单独完成，计算过程随其他资料一同上交。

六、思考题

1. 试述各种地面实测土地权属界址点坐标的原理、方法和应用条件。

2. 我国对界址点坐标测量的精度有何要求？

第九章　误差理论与测量平差基础课间实习

实验一　平差易的认识

一、目的和要求

(1)了解南方平差易软件的基本功能。

(2)掌握南方平差易软件主界面的各个下拉菜单的功能。

二、仪器和工具

南方平差易软件。

三、实验内容

认识南方平差易软件各个菜单的功能。

四、实验方法与步骤

1. *启动平差易*

启动方式有以下 3 种：

第一种：直接在桌面上双击平差易的图标“南方平差易 2005”。

第二种：点击“开始\程序 \South Survey Office\南方平差易 2005”。

第三种：点击“C:\Program Files\South Survey Office\Power Adjust\PA. exe”

2. *主界面*

启动后即可进入平差易的主界面。PA2005 的操作界面主要分为两部分——顶部下拉菜单和工具条，如图 9 - 1“PA2005 主界面”所示。

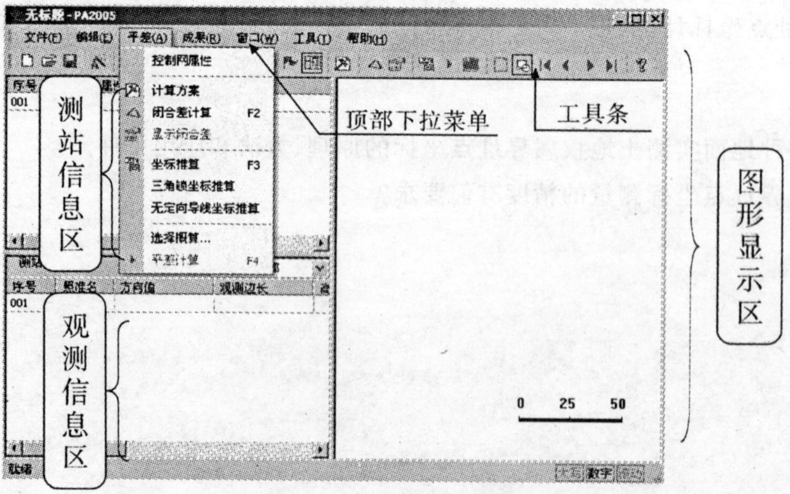

图 9 - 1　PA2005 主界面

主界面中包括测站信息区、观测信息区、图形显示区以及顶部下拉菜单和工具条。

3.下拉菜单

所有 PA2005 的功能都包含在顶部的下拉菜单中,可以通过操作平差易下拉菜单来完成平差计算的所有工作。例如文件读入和保存、平差计算、成果输出等。

(1)文件菜单:包含文件的新建、打开、保存、导入、平差向导和打印等。如图 9－2“文件菜单”所示。

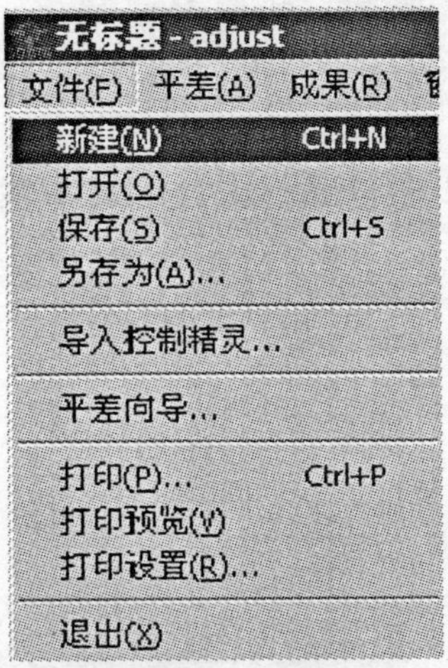

图 9－2　文件菜单

(2)编辑菜单:查找记录、删除记录,如图 9－3“编辑”所示。

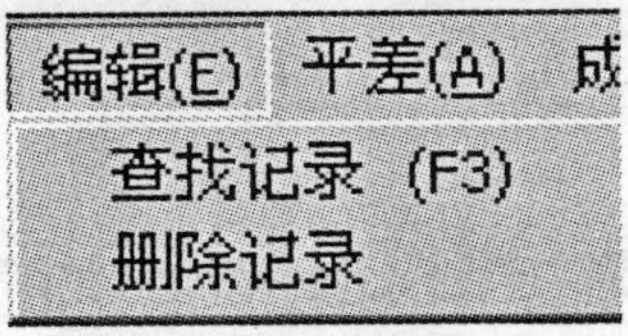

图 9－3　编辑

(3)平差菜单:控制网属性、计算方案、闭合差计算、坐标推算、选择概算和平差计算等。如图 9－4“平差菜单”所示。

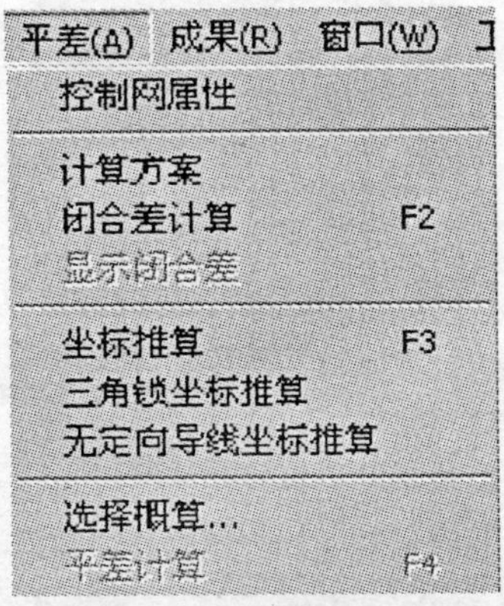

图 9－4　平差菜单

(4)成果菜单:精度统计、图形分析、CASS 输出、WORD 输出、略图输出和闭合差输出等。

当没有平差结果时该对话框为灰色。如图 9－5“成果菜单”所示。

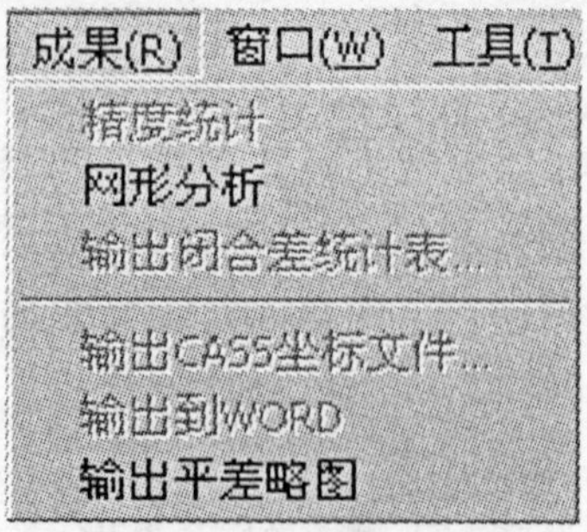

图 9－5　成果菜单

(5)窗口菜单:平差报告、网图、报表显示比例、平差属性、网图属性等。如图 9－6“窗口菜单”所示。

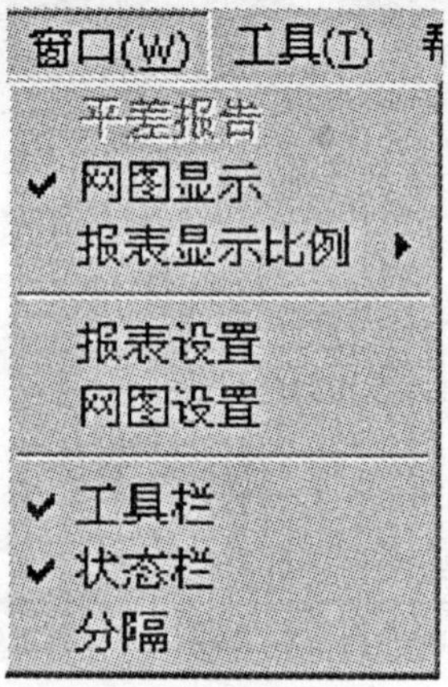

图 9－6　窗口菜单

(6)工具菜单:坐标换算、解析交会、大地正反算、坐标反算等。如图 9－7“工具菜单”所示。

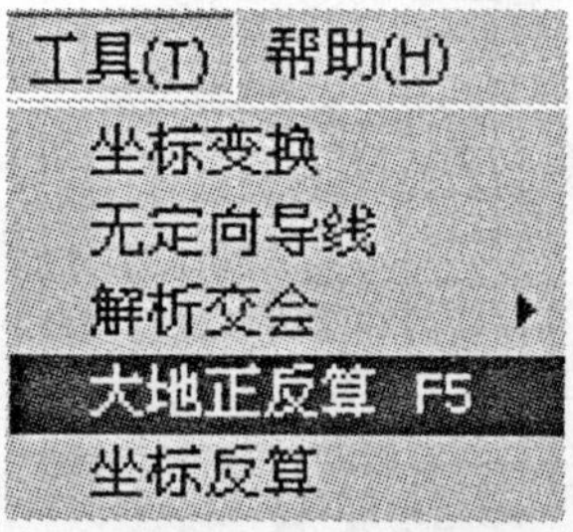

图 9－7　工具菜单

(7)工具条:保存、打印、视图显示、平差和查看平差报告等功能。如图 9－8“工具条”所示。

图 9－8　工具条

五、思考题

1. 如何启动平差易软件,有几种启动方式?

2. 顶部下拉菜单和工具条有哪些?具有哪些功能?

3. 如何利用软件进行坐标换算、解析交会、大地正反算和坐标正算?

实验二　向导式平差的应用

一、目的和要求

掌握向导式平差的基本操作。

二、仪器和工具

南方平差易软件 1 套，平差数据文件 1 套。

三、实验内容

向导式平差方法的应用。

四、实验方法与步骤

向导式平差需要事先编辑好数据文件。这里我们就以 Demo 中的“边角网 4. txt”文件为例来说明。

第一步：进入平差向导。首先启动“南方平差易 2005”，然后用鼠标点击下拉菜单“文件\平差向导”。如图 9－9“平差向导”所示。

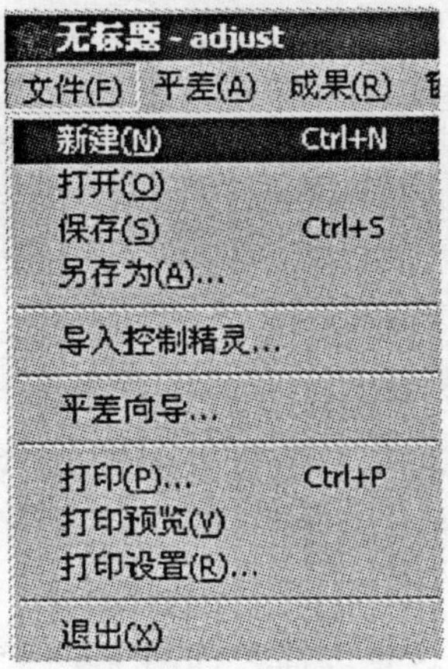

图 9－9　平差向导

第二步：选择平差数据文件。点击“下一步”进入平差数据文件的选择页面。如图 9－10“选择平差数据”所示。点击“浏览”来选择要平差的数据文件。

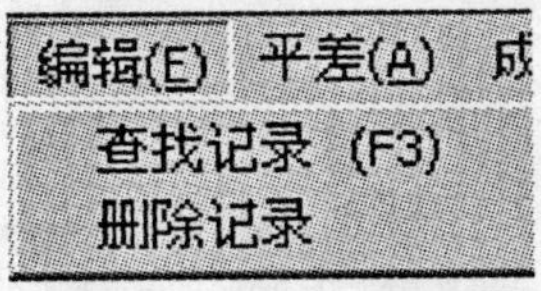

图 9－10　选择平差数据

所选择的对象必须是已经编辑好的平差数据文件，如 PA2005 的 Demo 中“边角网 4”。对于数据文件的建立，PA2005 提供了两种方式，一是启动系统后，在指定表格中手工输入数据，然后点击“文件\保存”生成数据文件；二是依照附录 A 中文件格式，在 Windows 的“记事本”里手工编辑生成。点击“打开”即可调入该数据文件(图 9－11)。如图 9－12“调入平差数据文件”所示。

图 9－11　打开数据文件

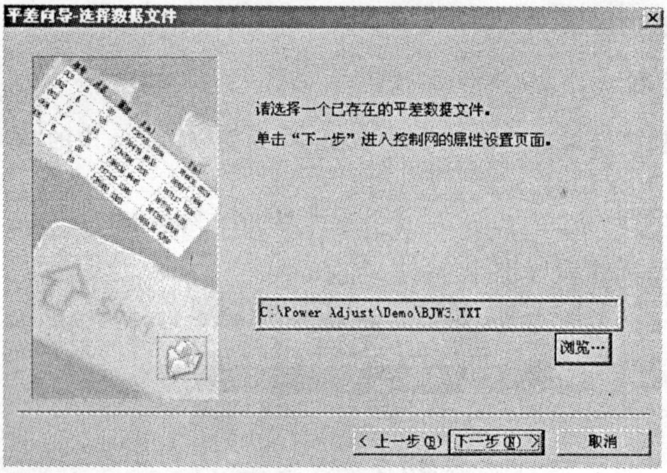

图 9－12　调入平差数据文件

第三步:控制网属性设置。调入平差数据后点击“下一步”即可进入控制网属性设置界面，该功能将自动调入平差数据文件中控制网的设置参数，如果数据文件中没有设置参数则此对话框为空，同时也可对控制网属性进行添加和修改，向导处理完后该属性将自动保存在平差数据文件中。

点击“下一步”进入计算方案的设置界面。如图 9－13“控制网属性设置”所示。

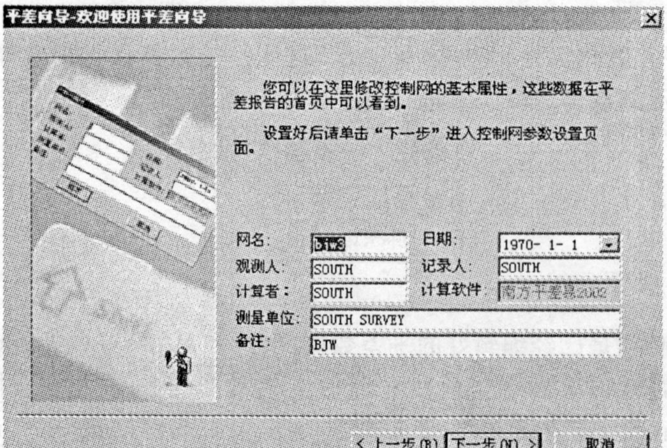

图 9－13　控制网属性设置

第四步:设置计算方案。设置平差计算的一系列参数,包括验前单位权中误差、测距仪固定误差、测距仪比例误差等,如图 9-14“计算方案设置”所示。该向导将自动调入平差数据文件中计算方案的设置参数,如果数据文件中没有该参数,则此对话框为默认参数(2.5、5、5),同时也可对该参数进行编辑和修改,向导处理完后该参数将自动保存在平差数据文件中。

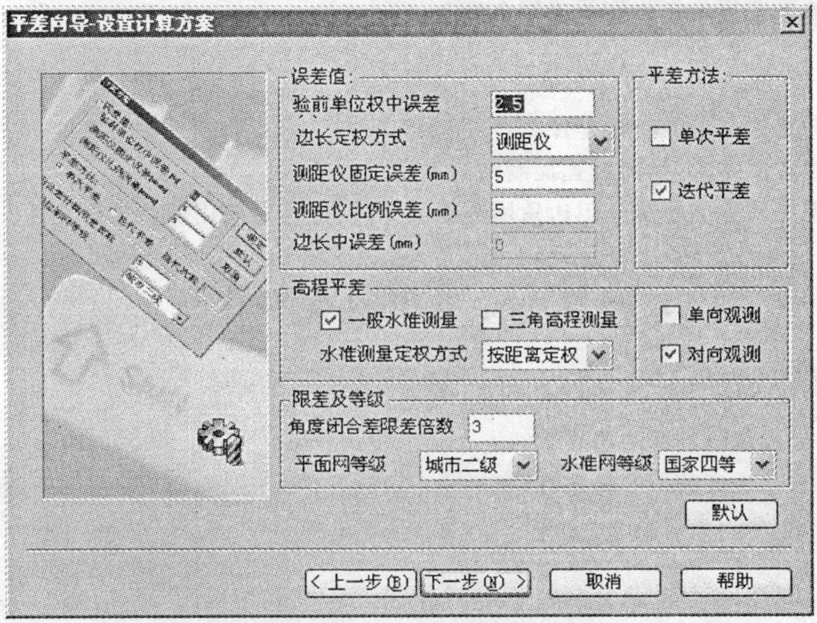

图 9-14 计算方案设置

点击“下一步”进入坐标概算界面。

第五步:选择概算。概算是对观测值的改化包括边长、方向和高程的改正等。如图 9-15 所示,当需要概算时就在“概算”前打“√”,然后选择需要概算的内容。

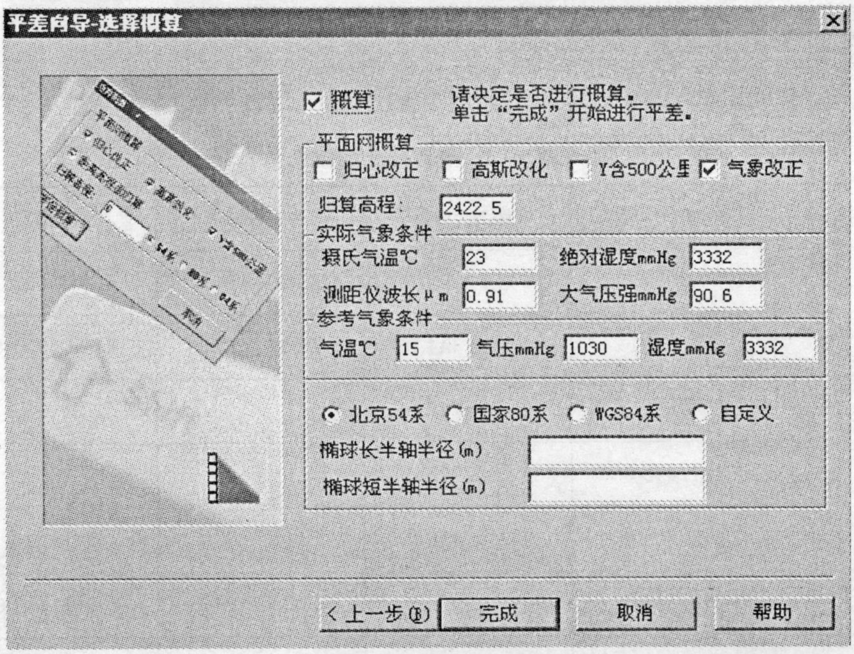

图 9-15 选择概算

点击“完成”则整个向导的数据处理完毕，随后就回到南方平差易 2005 的界面，在此界面中就可查看以及打印和输出该数据的平差报告。

五、应交成果

该数据的平差报告作为实习成果上交。

六、思考题

1. 应用向导式平差的步骤是什么？
2. 在向导式平差中，如何设置控制网的属性？
3. 南方平差易除了能够应用边角网数据文件外，还可以应用那些数据文件？

实验三　观测数据的录入

一、目的和要求

(1)学会导线观测数据的输入方法。
(2)学会水准观测数据的输入方法。

二、仪器和工具

南方平差易软件 1 套，平差数据文件 2 套。

三、实验内容

掌握导线和水准观测数据的输入方法。

四、实验方法与步骤

1. 导线观测数据的输入方法

(1)原始测量数据见表 9-1，导线图如图 9-16 所示。

表 9-1　导线原始数据表

测站点	角度(°′″)	距离(m)	X (m)	Y(m)
B			8 345.870 9	5 216.602 1
A	85.302 1	1 474.444 0	7 396.252 0	5 530.009 0
2	254.323 2	1 424.717 0		
3	131.043 3	1 749.322 0		
4	272.202 0	1 950.412 0		
C	244.183 0		4 817.605 0	9 341.482 0
D			4 467.524 3	8 404.762 4

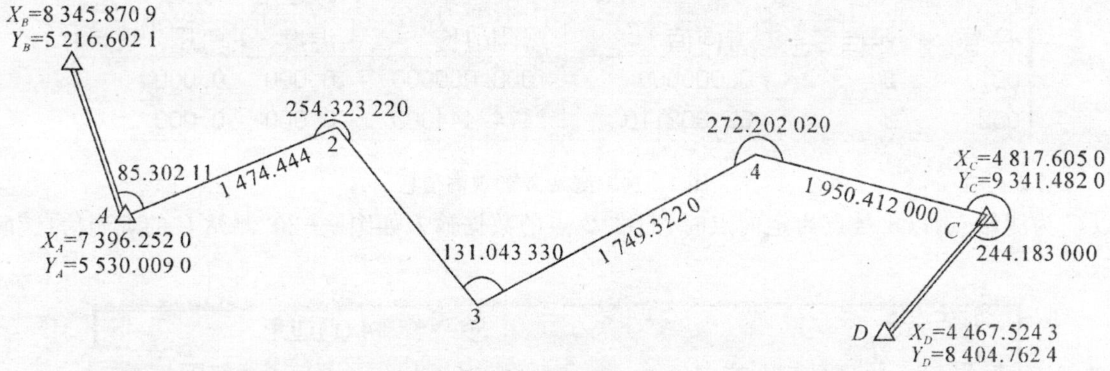

图 9-16　导线图

在平差易软件中输入以上数据，如图 9-17“数据输入”所示。

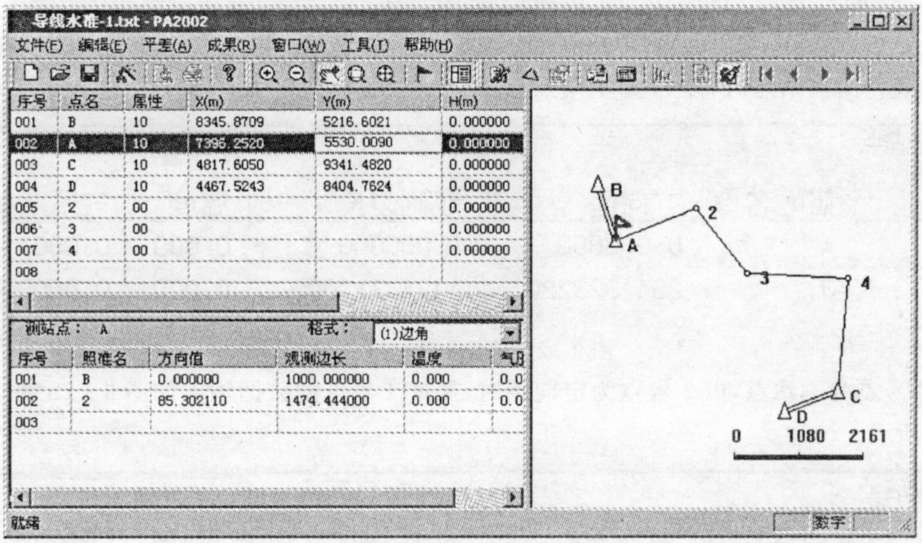

图 9-17　数据输入

在测站信息区中输入 A、B、C、D、2、3 和 4 号测站点，其中 A、B、C、D 为已知坐标点，其属性为 10，其坐标如表 9-1“原始数据表”；2、3、4 点为待测点，其属性为 00，其他信息为空。如果要考虑温度、气压对边长的影响，就需要在观测信息区中输入每条边的实际温度、气压值，然后通过概算来进行改正。

根据控制网的类型选择数据输入格式，此控制网为边角网，选择边角格式。

如图 9-18“选择格式”所示。

图 9-18　选择格式

(2)输入测站点的观测信息。B、D 作为定向点，它没有设站，所以无观测信息，但在测站信息区中必须输入它们的坐标。

以 A 为测站点，B 为定向点时(定向点的方向值必须为零)，照准 2 号点的数据输入如图 9-19“测站 A 的观测信息”所示。

测站点： A　　格式：(1)边角

序号	照准名	方向值	观测边长	温度	气压
001	B	0.000000	1000.000000	0.000	0.000
002	2	85.302110	1474.444000	0.000	0.000

图 9－19　测站 A 的观测信息

以 C 为测站点，以 4 号点为定向点时，照准 D 点的数据输入如图 9－20“测站 C 的观测信息”所示。

测站点： C　　格式：(1)边角

序号	照准名	方向值	观测边长	温度	气压
001	4	0.000000	0.000000	0.000	0.000
002	D	244.183000	1000.000000	0.000	0.000

图 9－20　测站 C 的观测信息

2 号点作为测站点时，以 A 为定向点，照准 3 号点，如图 9－21“测站 2 的观测信息”所示。

测站点： 2　　格式：(1)边角

序号	照准名	方向值	观测边长	温度	气压
001	A	0.000000	0.000000	0.000	0.000
002	3	254.323220	1424.717000	0.000	0.000

图 9－21　测站 2 的观测信息

以 3 号点为测站点，以 2 号点为定向点时，照准 4 号点的数据输入如图 9－22“测站 3 的观测信息”所示。

测站点： 3　　格式：(1)边角

序号	照准名	方向值	观测边长	温度	气压
001	2	0.000000	0.000000	0.000	0.000
002	4	131.043330	1749.322000	0.000	0.000

图 9－22　测站 3 的观测信息

以 4 号点为测站点，以 3 号点为定向点时，照准 C 点的数据输入如图 9－23“测站 4 的观测信息”所示：

测站点： 4　　格式：(1)边角

序号	照准名	方向值	观测边长	温度	气压
001	3	0.000000	0.000000	0.000	0.000
002	C	272.202020	1950.412000	0.000	0.000

图 9－23　测站 4 的观测信息

(3)数据的保存以上数据输入完后，点击菜单“文件\另存为”，将输入的数据保存为平差易数据格式文件。

2.水准观测数据的输入方法

(1)水准测量数据和简图。原始测量数据见表9-2,图9-24是水准导线图。

表9-2 水准原始数据表

测站点	高差(m)	距离(m)	高程(m)
A	−50.440	1 474.444 0	96.062 0
2	3.252	1 424.717 0	
3	−0.908	1 749.322 0	
4	40.218	1 950.412 0	
B			88.183 0

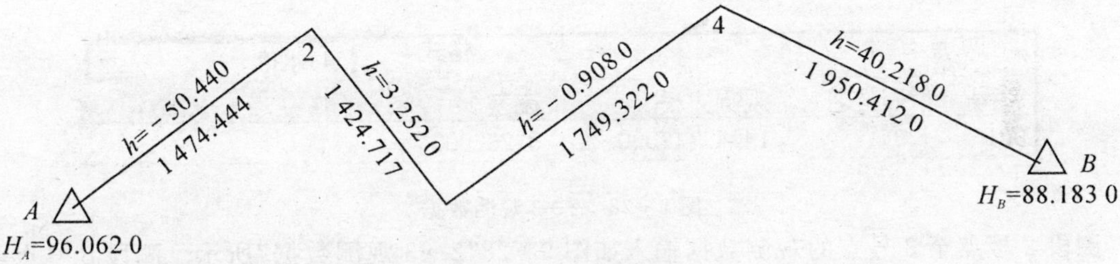

图9-24 水准导线图

图9-24中h为高差。

(2)水准数据的输入。在平差易中输入以上数据,如图9-25"水准数据输入"所示。

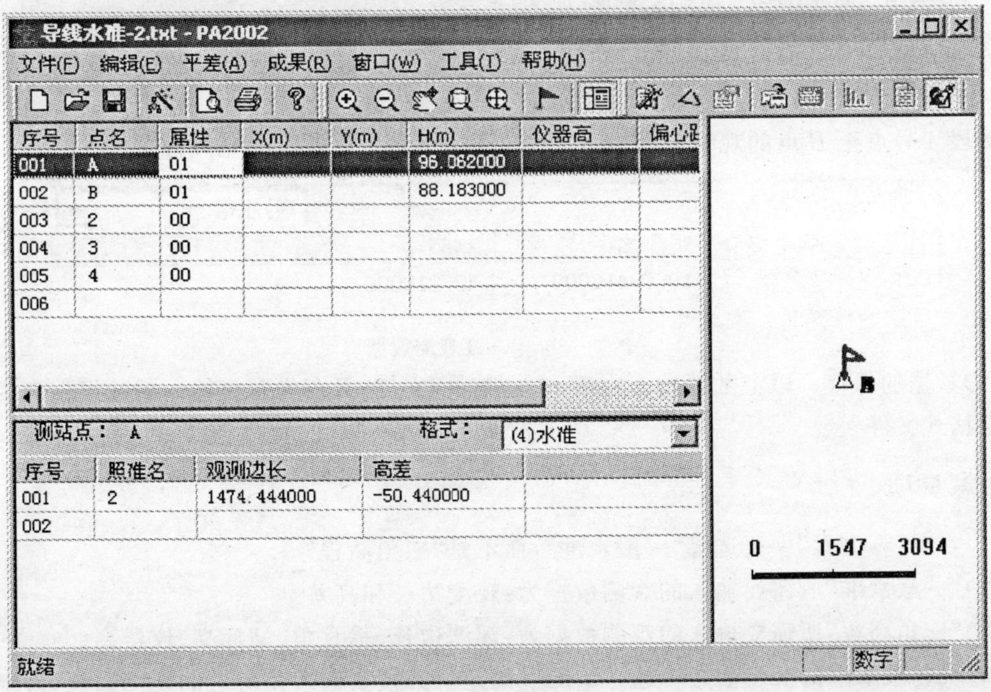

图9-25 水准数据输入

在测站信息区中输入 A、B、2、3 和 4 号测站点，其中 A、B 为已知高程点，其属性为 01，其高程如“水准原始数据表”；2、3、4 点为待测高程点，其属性为 00，其他信息为空。因为没有平面坐标数据，故在平差易软件中没有网图显示。根据控制网的类型选择数据输入格式，此控制

图 9－26　选择格式

网为水准网，选择水准格式，如图 9－26“选择格式”所示。测段 A 点至 2 号点的观测数据输入（观测边长为平距）如图 9－27“A→2 观测数据”所示。

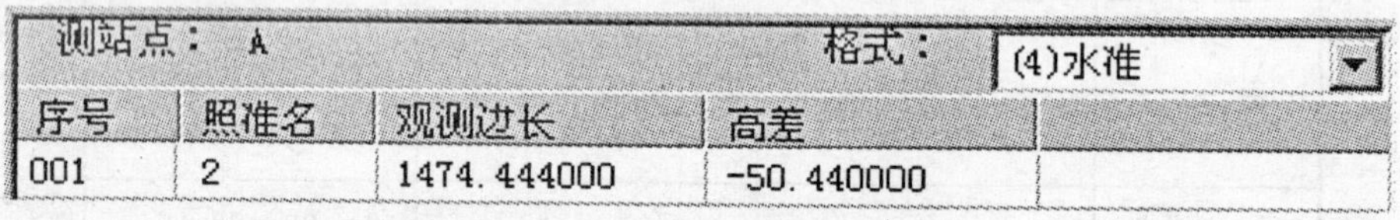

图 9－27　A→2 观测数据

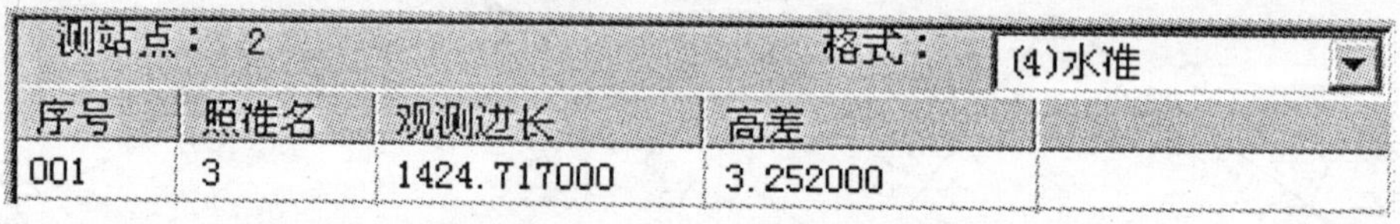

图 9－28　2→3 观测数据

测段 2 号点至 3 号点的观测数据输入如图 9－28“2→3 观测数据”所示。测段 3 号点至 4 号点的观测数据输入如图 9－29“3→4 观测数据”所示。

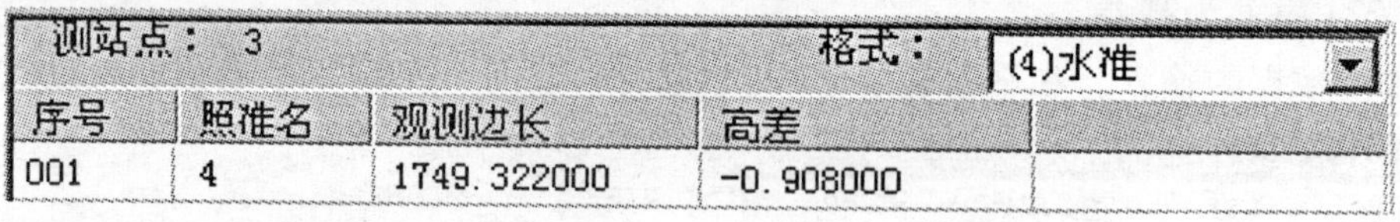

图 9－29　3→4 观测数据

测段 4 号点至 B 点的观测数据输入如图 9－30“4→B 观测数据”所示。

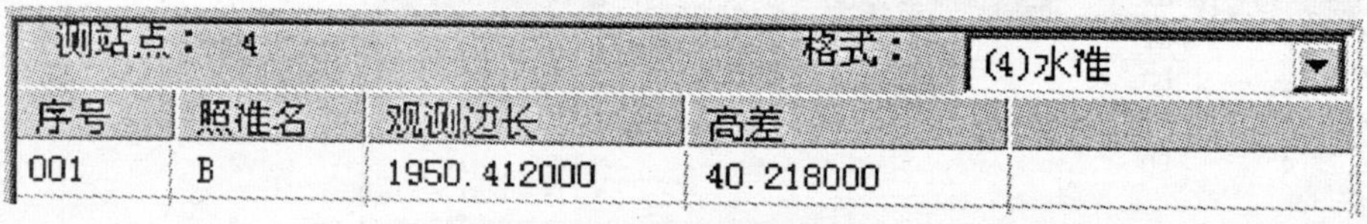

图 9－30　4→B 观测数据

（3）数据的保存。以上数据输入完后，点击菜单“文件\另存为”，将输入的数据保存为平差易数据格式文件。

五、注意事项

（1）在“计算方案”中要选择“一般水准”，而不是“三角高程”。

（2）“一般水准”所需要输入的观测数据为：观测边长和高差。

（3）“三角高程”所需要输入的观测数据为：观测边长、垂直角、站标高、仪器高。

（4）在一般水准的观测数据中输入了测段高差就必须要输入相对应的观测边长，否则平差计算时该测段的权为零，会导致计算结果错误。

六、思考题

1.在平差易软件中如何输入导线观测数据？

2.在平差易软件中如何输入水准观测数据？

3.如何编写纯文本格式的控制网数据文件？

4.如何利用软件进行三角锁坐标推算和无定向坐标推算？

实验四 三角高程平差

一、目的和要求

(1)学会三角高程观测数据的输入方法。

(2)学会平差过程的操作。

二、仪器和工具

南方平差易软件1套，平差数据文件1套。

三、实验内容

掌握三角高程观测数据的输入方法和平差过程的操作。

四、实验方法与步骤

(一)三角高程观测数据的输入方法

1.原始观测数据

原始测量数据见表9-3“三角高程原始数据表”所示。图9-31为三角高程路线图，图中r为垂直角。

表9-3 三角高程原始数据表

测站点	距离(m)	垂直角(° ′ ″)	仪器高(m)	站标高(m)	高程(m)
A	1 474.444 0	1.04 40	1.30		96.062 0
2	1 424.717 0	3.25 21	1.30	1.34	
3	1 749.322 0	−0.38 08	1.35	1.35	
4	1 950.412 0	−2.45 37	1.45	1.50	
B				1.52	95.971 6

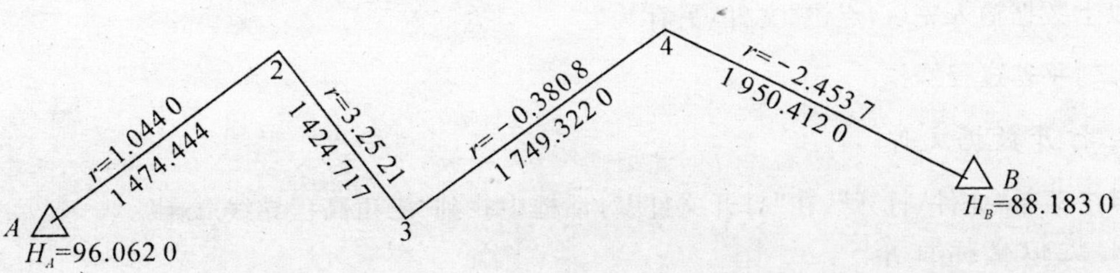

图9-31 三角高程路线图(模拟)

2. 观测数据的输入

在观测信息区中输入每一个测站的三角高程观测数据。

测段 A 点至 2 号点的观测数据输入如图 9 - 32“A→2 观测数据”所示。

测站点： A　　格式：(5)三角高程

序号	照准名	观测边长	高差	垂直角	觇标高
001	2	1474.444000	27.842040	1.044000	1.340000

图 9 - 32　A→2 观测数据

测段 2 点至 3 号点的观测数据输入如图 9 - 33“2→3 观测数据”所示。

测站点： 2　　格式：(5)三角高程

序号	照准名	观测边长	高差	垂直角	觇标高
001	3	1424.717000	85.289093	3.252100	1.350000

图 9 - 33　A→2 观测数据

测段 3 点至 4 号点的观测数据输入如图 9 - 34“3→4 观测数据”所示。

测站点： 4　　格式：(5)三角高程

序号	照准名	观测边长	高差	垂直角	觇标高
001	B	1950.412000	-93.760085	-2.452700	1.520000

图 9 - 34　A→2 观测数据

测段 4 点至 B 点的观测数据输入如图 9 - 35“4→B 观测数据”所示。

测站点： 3　　格式：(5)三角高程

序号	照准名	观测边长	高差	垂直角	觇标高
001	4	1749.322000	-19.353448	-0.380800	1.500000

图 9 - 35　4→B 观测数据

3. 数据的保存

以上数据输入完后，点击“文件\另存为”。

（二）平差过程操作

1. 打开数据文件

点击菜单“文件\打开”，在“打开文件”对话框中找到“三角高程导线.txt”。

2. 近似坐标推算

用鼠标点击菜单“平差\推算坐标”即可进行坐标的推算。如图 9 - 36“坐标推算”所示。

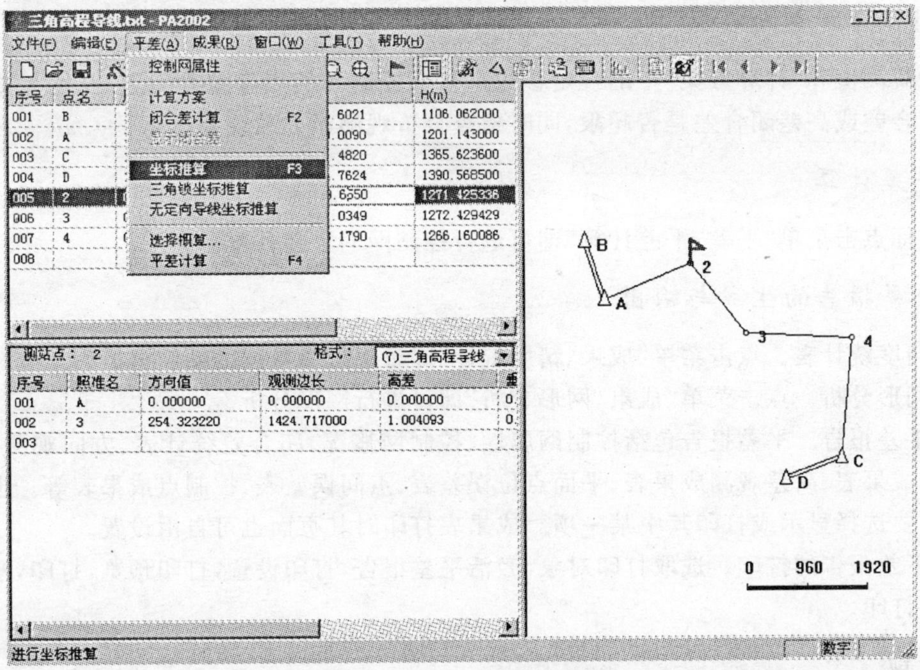

图 9－36　坐标推算

3. 选择概算

主要对观测数据进行一系列的改化，根据实际的需要来选择其概算的内容并进行坐标的概算。选择概算的项目有：归心改正、气象改正、方向改化、边长投影改正、边长高斯改化、边长加乘常数改正和 Y 含 500km。需要参入概算时就在项目前打“√”即可。

(1)归心改正。在平差易软件中只有在输入了测站偏心或照准偏心的偏心角和偏心距等信息时才能够进行此项改正。如没有进行偏心测量，则概算时就不进行此项改正。

(2)气象改正。气象改正就是改正测量时温度、气压和湿度等因素对测距边的影响。

(3)方向改化。方向改化是将椭球面上方向值归算到高斯平面上。

(4)边长投影改正。边长投影改正的方法有两种：一种为已知测距边所在地区大地水准面对于参考椭球面的高度而对测距边进行投影改正；另一种为将测距边投影到城市平均高程面的高程上。

(5)边长高斯改化。边长高斯改化有两种方法，根据“测距边水平距离的高程归化”的选择不同而不同。

(6)边长加乘常数改正。利用测距仪的加乘常数对测边进行改正。

(7)Y 含 500km。若 Y 坐标包含了 500km 常数，则在高斯改化时，软件将 Y 坐标减去 500km 后再进行相关的改化和平差。

(8)坐标系的选择。54 系(1954 年坐标系)；80 系(1980 年坐标系)；84 系(1984 年坐标系)。

4. 计算方案的选择

选择控制网的等级、参数和平差方法。

5. 闭合差计算与检核

根据观测值和“计算方案”中的设定参数来计算控制网的闭合差和限差，从而检查控制网的角度闭合差或高差闭合差是否超限，同时检查分析观测粗差或误差。

6. 平差计算

用鼠标点击菜单“平差\平差计算”即可进行控制网的平差计算。

7. 平差报告的生成与输出

(1)精度统计表。点击菜单“成果\精度统计”即可进行该数据的精度分析。

(2)网形分析。点击菜单“成果\网形分析”即可进行网形分析。

(3)平差报告。平差报告包括控制网属性、控制网概况、闭合差统计表、方向观测成果表、距离观测成果表、高差观测成果表、平面点位误差表、点间误差表、控制点成果表等。也可根据自己的需要选择显示或打印其中某一项。成果表打印时其页面也可自由设置。

(4)平差报告的打印。选取打印对象，激活平差报告，打印设置，打印预览，打印，控制网网图显示和打印。

五、思考题

1. 如何根据实际的需要进行坐标概算？

2. 在平差易的闭合差计算中，怎样得到粗差检测报告？

3. 如何自定义平差报告的输出格式？

第二篇

野外实习

第十章　地形测量综合实习

一、目的和要求

测量学是一门实践性很强的专业技术基础课。测量综合实习是在完成测量学理论知识学习以后，集中一定的时间进行的生产实习。实习的任务是完成一幅大比例尺地形图的测绘全过程。通过测量实习，将测绘理论知识系统地与实践相结合，进一步理解、巩固和拓宽测量理论知识。实习结束后，要求学生熟练地掌握测量仪器的检验和校正、角度测量、水准测量、距离测量、电子全站仪的使用与数字测图技能，比较系统地掌握测绘生产的基本知识技能。通过实习，培养学生的动手能力、团结协作精神及认真负责和严谨细致的工作作风。

二、测量实习地点

1. 校内测量实习基地

为学校建设及测量实习需要，中国地质大学(武汉)校园内已建立了校内测量实习基地。校内测量实习基地占地约 $1km^2$，地势呈北高南低之势，地势平坦，起伏不大。道路格网化，建筑物有规律地分布，通视条件良好。已布设的测量控制网如下：

(1)平面控制点的布设。按照一级导线要求，采用结点导线网的形式布设平面控制网，整个测区内均匀地布设了 90 个永久性的钢筋混凝土标志。这些平面控制点布设于校园内、外的主要道路上，布点间距平均边长 100m 左右。

(2)高程控制点的布设。所有平面控制点同时作为高程控制点使用，由这些高程控制点组成了水准网并按照二等水准测量的要求进行了施测。

2. 校外测量实习基地

校外测量实习基地位于中国地质大学秭归实习基地附近。该测区地形地貌变化较大，地貌典型、丰富，适合于地形测量。整个测区内均匀地布设了 20 个永久性的钢筋混凝土标志。

三、测量实习任务与时间安排

1. 实习任务

在测量实习基地内，每个小组根据已知的首级控制网坐标，完成本小组的控制测量，然后完成测绘一幅大比例尺平面图和一幅大比例尺地形图的任务。

2. 时间安排

地形测量综合实习时间安排见表 10－1。

表 10-1　地形测量实习时间安排表

工作内容	天数
布置实习任务、踏勘测区	0.5
水准仪、全站仪检校	1
四等水准测量及内业计算	5
导线测量与内业计算	10
阶段小结、测图准备	0.5
大比例尺平面图测绘	8
大比例尺地形图测绘	8
地形图测绘内业、拼接、整饰、成图	5
成果整理、技术总结	4
总　计	42

四、实习的组织、注意事项及纪律

1. 实习的组织完成

测量实习以组为单位独立进行，每组学生人数为4～5人，每组推选组长1人。组长的职责是负责组内实习分工及仪器设备管理。组长应注意合理均匀地给组员分配任务，使每项工作都由组员轮流担任，加强组员间的协调、配合，保质、保量地完成实习任务。

2. 实习注意事项

(1)实习期间要注意人身安全、防火、防电、防水、防盗、谨行、慎食。实习期间，学生必须遵守消防安全规定，严禁私带火种(打火机、火柴等)上山；严禁违章使用电器；严禁弃火、下河游泳、高空攀爬、私自住宿；严禁使用易燃、易爆或有毒物品；严禁带陌生人进入实习区域和实习基地；注意交通安全，避免意外损失或损伤；注意饮食卫生，不在无证经营的饮食小摊及其他不卫生的场所就餐，不吃过期变质的食物，要把预防食物中毒和疾病感染放在日常生活的重要位置；注意防盗，不要把随身物品随意放置；搞好与当地群众的关系，不要与当地群众发生冲突，有突发事件向带队老师报告。

(2)实习期间要注意仪器安全。严格按照仪器操作规范进行实习，爱护仪器，确保实习期间仪器安全，特别注意以下几点：①仪器、工具旁边任何时候不能离人；②松开仪器的连接螺旋后应立即将仪器装入仪器箱；③在有风的日子一定要注意仪器、工具的安全，严禁将伞架在仪器上。仪器如有损坏，照价赔偿。

3. 实习期间的纪律

(1)学生在实习期间，要互相协作、互相配合和互相帮助，要有团队精神。

(2)学生要学会自我管理、自我约束和自我学习。学生干部要充分发挥模范带头作用，协助老师加强对实习学生的指导和管理工作。

(3)实习期间不得无故缺席、迟到、早退，不得请假回家。一般不得请事假，特殊情况需请事假时，须由领队教师批准。擅自不参加实习者，实习成绩不合格。

(4)要服从实习老师安排，不得擅自行动，外出要向老师报告。

五、工作步骤与技术要求

1. 仪器检验校正

(1)水准仪的检校。检校项目有以下内容：

①圆水准器轴应平行于仪器竖轴的检验与校正；

②十字丝横丝应垂直于仪器竖轴的检验与校正；

③视准轴应平行于水准管轴的检验与校正。

(2)全站仪的检校。检校项目有以下内容：

①照准部水准管轴应平行于仪器竖轴的检验与校正；

②十字丝竖丝应垂直于仪器横轴的检验与校正；

③视准轴应垂直于横轴的检验与校正；

④横轴应垂直于仪器竖轴的检验与校正；

⑤光学对中器的检验与校正；

⑥竖盘指标差的检验与校正。

2. 控制测量

(1)平面控制测量。平面控制测量采用的形式为一级导线或二级导线，其技术要求见表10-2。

表 10-2　导线测量主要技术要求

等级	导线全长	平均边长	每边测距中误差	测角中误差	水平角测回数		方位角闭合差	全长相对闭合差
					*DJ*2	*DJ*6		
一	3.6km	300m	±15mm	±5″	2	4	$\pm 10''\sqrt{n}$	1/14 000
二	2.4km	200m	±15mm	±8″	1	3	$\pm 16''\sqrt{n}$	1/10 000

导线的边长测量采用光电测距仪进行，光电测距的技术要求见表10-3。

表 10-3　光电测距的技术要求

观测要求	往返测较差	测回数	一测回读数较差	测回较差	一测回读数次数
往、返	15mm	2	10mm	15mm	4

(2)高程控制测量。高程控制测量采用四等水准测量，四等水准测量测站观测限差及技术要求见表10-4和表10-5。

表 10-4　四等水准测站观测限差

水准仪型号	前后视距差	前后视距累积差	红黑面读数差	红黑面所测高差之差	视线最长距离	中丝最小读数值
DS3	≤5m	≤10m	≤3mm	≤5mm	≤80m	≥0.2m

表 10-5 四等水准测量的主要技术要求

每千米高差中数中误差	测段往返高差不符值之限差	附(闭)合路线高差闭合差之限差
±5mm	$\pm 20\sqrt{L}$ mm	$\pm 20\sqrt{S}$ mm

3.碎部测量

(1)碎部点的选择。

碎部点应选地物、地貌的特征点。对于地物,碎部点应选在地物轮廓线的方向变化处,如房角点、道路转折点、交叉点、河岸线转弯点以及独立地物的中心点等。连接这些特征点,便得到与实地相似的地物形状。由于地物形状极不规则,一般规定主要地物凸凹部分在图上大于0.4mm 的均应表示出来,小于0.4mm 时,可用直线连接。对于地貌来说,碎部点应选在最能反应地貌特征的山脊线、山谷线等地形线上。如山顶、鞍部、山脊、山谷、山坡、山脚等坡度变化及方向变化处。根据这些特征点的高程勾绘等高线,即可将地貌在图上表示出来。

(2)测绘内容及取舍。

①居民地的测绘:居民地是地形图上的重要地物要素。各类建筑物、构筑物及主要附属设施,应按实地轮廓准确测绘。房屋以房基角为准,并按建筑材料和质量分类,对于楼房还应注记层次。房屋和建筑物轮廓的凹凸在图上小于0.4mm(简单房屋小于0.6mm)时可用直线连接;

②管线及垣栅的测绘:在测绘时,永久性的电力线、通讯线等均须表示,电杆、铁塔位置应实测。地面及架空的管线均须表示,并注记输送的物质类型。城墙、围墙及永久性的栅栏、篱笆、铁丝网、活树篱笆等均应测绘;

③道路的测绘:对于道路,所有的铁路、有轨电车道、公路、大车路、乡村路均应测绘。车站及附属建筑物、隧道、桥涵、路堑、路堤、里程碑等均须表示。公路及其他双线道路在大比例尺图上按实宽依比例尺表示,宽度在图上小于0.6mm 时,则用半依比例符号表示。公路、街道按路面材料划分为水泥、沥青、碎石、砾石、硬砖、沙石等,以文字注记在图上。铺面材料改变处应用点线分隔。铁路与公路或其他道路在同一水平面相交时,铁路符号不中断,而将另一道路符号中断;不在同一水平面相交的道路交叉点处,应绘以相应的桥梁或涵洞、隧道符号。路堤、路堑均按实地宽度绘出边界,并应在其坡顶、坡脚适当注记高程。有围墙、垣栅的公园、工厂、机关、学校等内部道路,除通行汽车的主要道路外均按内部道路绘出;

④水系的测绘:水系测绘时,海岸、河流、溪流、湖泊、水库、池塘、沟渠、泉、井以及各种水工设施均应绘出。沟渠实际宽度小于1m(1∶500 测图时小于0.5m)时以单线表示;

⑤植被的测绘:地形图上应表示各种树林、苗圃、灌木林丛、散树、独立树、行树、竹林、经济林等,要测定其范围。对经济林应加种类说明注记。要测绘出农村用地的范围,并区分出稻田、旱地、菜地、经济作物地和水中经济作物区等。田埂的宽度在图上大于1mm(1∶500 测图时大于图上2mm)时用双线描绘,田块内要测注有代表性的高程;

⑥独立地物及控制点的测绘:独立地物须准确测绘其位置并按规定的符号予以表示。各种比例尺地形图上,均应表示出各等级的天文点、三角点、小三角点、图根点、水准点等测量控制点,并按规定符号表示;

⑦地貌的测绘:测绘地貌时,自然形成的地貌一般用等高线表示。石堆、土堆、陡崖、坑穴、冲沟、山洞、石灰岩溶斗、崩崖、滑坡等特殊地貌和人工修筑的梯田、陡坎、斜坡等用相应符号表示。各种天然形成和人工修筑的坡坎,其坡度在70°以上或在图上投影小于2mm时,可表示为陡坡;70°以下时表示为斜坡。斜坡应实测其坡脚。

六、实习成果资料及成绩考核评定

1. 实习成果资料

(1)水准仪检校记录表。

(2)全站仪检校记录表。

(3)水准测量观测记录、计算成果。

(4)导线外业观测记录、计算成果。

(5)全站仪测图草图手簿。

(6)大比例尺平面图和地形图各1幅,计算机数字地图打印纸各1幅,计算机数字地图dwg文件各1份。

(7)个人实习总结报告(每人1份)。个人实习总结主要是技术总结报告,内容包括实习中自己做过的工作、测量理论和实践相结合的技术总结分析,实习体会与收获、感想或建议,报告一般不少于5 000字。

以上资料以小组为单位装订成册,统一上交。

2. 成绩考核评定

测量综合实习是独立于《测量学》课程的实践性教学环节,单独评定成绩。成绩评定由实习指导教师根据每组及每位同学所提交的实习成果的质量、指导教师在实习中对同学的考查成绩、同学在实习期间的表现(包括出勤情况等)、实习纪律、仪器完好状况等综合评分。

第十一章　控制测量综合实习

一、目的和要求

等级控制测量操作能力的好坏，即能否独立完成等级控制测量任务是衡量同学们学习掌握本专业知识水平、能否成为一个合格的测量工程专业高级人才的一个重要标志。本次实习的目的主要是训练同学们等级控制测量的操作能力，使同学们对等级控制测量的全过程有一个完整的认识，做到会测、会进行数据处理及平差计算，为今后参加工作打下基础。要求熟练掌握测量仪器的检验和校正、精密角度测量、精密水准测量、电子全站仪的使用与控制测量操作技能，比较系统地掌握测绘生产的技能。

二、测量实习地点

1. 校园内测量实习基地

为学校建设及测量教学实习需要，中国地质大学（武汉）校园内已建立了校内测量实习基地。已布设的测量控制网如下：

（1）平面控制点的布设。结合校园现状，按四等导线要求，采用结点导线网的形式布设平面控制网。平面控制点布设于校园内、外的主要道路上，布点间距平均边长 150m 左右。为保证平面控制点的稳定可靠和长期保存，结合现场地质条件，在已有稳定的地面上埋设了 6 个 GPS 观测墩，与其余控制点共同构成校园内平面控制网。

（2）高程控制点的布设。所有平面控制点同时作为高程控制点使用，构成高程控制网。

2. 校外测量实习基地

武汉市江夏区龙泉山测量实习基地，中国地质大学（武汉）秭归实习基地。

三、测量实习任务与时间安排

综合实习任务按 4 周测量实习时间编制，实习计划时间少于 4 周的专业，可酌情适当减少实习内容。根据仪器设备的实际情况，平面控制测量可采用 2 秒级经纬仪、全站仪进行；高程控制测量可采用自动安平水准仪、数字水准仪进行。

1. 任务

在指定地区，每个小组完成四等平面控制测量、二等高程控制测量及四等三角网水平控制网的图上设计。本次控制测量实习的技术要求按《城市测量规范》中有关规定执行；测区内采用独立平面直角坐标系统，独立高程系统。

2. 时间安排时间

综合测量实习时间安排见表 11－1。

表 11-1 实习时间安排表

工作内容	天数
布置实习任务、领仪器、踏勘测区	0.5
精密水准仪、全站仪检校	0.5
二等水准测量及计算	8.0
四等导线测量	10.0
四等导线内业计算	2.0
图上四等三角网平面控制网设计	5.0
成果整理和技术总结	1.0
交成果、技术总结及考核	1.0
总 计	28.0

四、实习的组织及纪律

1. 实习的组织完成

测量实习以组为单位，每组学生人数一般为5～6人，实际实习中也可根据总人数和仪器配置情况适当增减人数。每组推选组长1人。组长的职责：负责组内实习分工、仪器设备管理与考勤工作。考勤要实事求是地反映组员当天所完成的工作内容、工作质量及工作时间。实习完成后由组长对全体组员综合打分。组长应注意合理均匀地给组员分配任务，使每项工作都由组员轮流担任，组内同学分工不均匀要扣组长的分；要注意根据本组的实际情况，适时召开全体组员会议，及时总结经验教训，加强组员间的协调，配合，保质、保量地完成实习任务。

测量实习期间，全组成员必须听从组长的指挥；当组员之间意见不统一时，可以争论，但组长有最终决定权。组长要注意做到公平、公正、公开。

组长的罢免：测量实习期间，组长若不称职，全组成员有一半以上认为其不能履行组长职责，可以通过民主选举重新产生组长，并报指导教师备案。

2. 实习纪律

(1)服从教师指导，努力完成教师及小组安排的各项工作。

(2)遵守作息制度，注意劳逸结合。作息时间一般应参照学校作息时间，各组可结合暑期高温情况对本组的工作时间作适当灵活调整。

(3)遵守仪器操作规程，正确使用、保管仪器工具。爱护公物、树木、草坪。

(4)搞好团结。保证人身、仪器安全。

(5)非特殊原因，不得请假。

(6)病假应有医院证明。

(7)无故缺席者，作旷课论。

(8)请假超过3天者，实习成绩不及格。

(9)损坏仪器严重者，实习成绩不及格。

五、工作步骤与技术要求

1.平面控制测量

(1)已有导线点布设的认识。在本组测量范围内,了解导线点的位置所在,绘平面控制测量略图。

(2)导线测量:各组可根据本组仪器设备实际情况,选择下列方法进行测量。

①全站仪测量:

水平角测量:在角度测量模式下进行,用测回法观测导线点水平角3个测回,记录表格参照(表2-4)。

水平距离测量:在距离测量模式下进行,记录表格参照第二章实验四,全站仪测距仪测距记录表(表2-8)。

②经纬仪法:

水平角测量:经纬仪测回法观测导线点水平角3个测回,记录表格参照第二章实验二,水平方向观测手簿(表2-4)。

水平距离测量:利用测距仪或全站仪,在距离测量模式下进行,全站仪测距仪测距记录表(表2-8)。

控制网为四等导线网。边长相对中误差不大于1/40 000。采用方向观测法观测,用*J*1型测角仪器观测1个测回,*J*2型测角仪器观测3个测回。重测应在基本测回完成并对成果综合分析后再进行。

(3)测量限差。

水平方向角观测测站限差是根据不同的仪器类型规定的,如表11-2所示。

表11-2 水平方向角观测测站限差

限差项目	*J*1型	*J*2型	
两次重合读数差	1″	3″	注:当照准点的垂直角超过3°时,该方向的2*c*互差应与同一观测时间段内的相邻测回进行比较。如按此方法比较应在手簿中注明。
半测回归零差	6	8	
一测回2*c*互差	9	13	
测回互差	6	9	

电磁波测距导线的主要技术要求列于表11-3。

表11-3 电磁波测距导线的主要技术要求

等级	闭合环或附合导线长度(km)	平均边长(m)	测距中误差(mm)	测角中误差(″)	导线全长相对闭合差
三等	15	3 000	≤±18	≤±1.5	≤1/60 000
四等	10	1 600	≤±18	≤±2.5	≤1/40 000
一级	3.6	300	≤±15	≤±5	≤1/14 000

2.高程控制测量

本次实习按二等水准测量精度要求进行。水准测量有关限差见表11-4。

表 11-4 二等水准测量的技术指标

等级	视线长度(m)	前后视距差(m)	前后视距累积差(m)	基、辅读数差(mm)	基辅所测高差之差(mm)	检测间隙点高差之差(mm)	上下丝读数平均值与中丝读数之差(mm)	环线闭合差(mm)
二等	≤50	≤1.0	≤3.0	0.4	0.6	1.0	3.0	$4\sqrt{L}$

注:L 为环线长,以 km 为单位。

六、仪器使用及测量方法

(1)全站仪或经纬仪的使用及方向测量。

在导线节点处,方向数超过 3 个时,需要采用全圆方向观测法,方向数未超过 3 个时,不需要归零,具体测量方法参见课间实验。

(2)精密水准仪的使用及测量方法。

掌握自动安平精密水准仪的基本构造,进一步认清其主要部件的名称及作用;掌握精密水准测量方法。主要测量方法或手段参见第二章控制测量课间实验相应内容。

七、实习成果资料及成绩考核评定

1. 实习成果资料

(1) 平面控制网图、水准路线图。

(2)方向观测和水准测量手簿、记簿,仪器检定资料。

(3)平差计算成果表。

(4)小组实习总结报告。内容包括小组考勤表、小组完成的工作内容、工作质量及工作时间等。

(5)个人实习报告(每人 1 份)。个人实习总结主要是技术总结报告,内容包括实习中自己做过的工作、测量理论和实践相结合的技术总结分析,实习体会与收获、感想或建议。报告一般不少于 800 字。

以上资料以小组为单位装订成册,统一上交。

2. 成绩考核评定

控制测量综合实习是独立于《大地测量学基础》课程的实践性教学环节,单独评定成绩。成绩评定由实习指导教师根据每组及每位同学所提交的实习成果的质量、指导教师在实习中对同学的考查成绩、同学在实习期间的表现(包括出勤情况等)、实习纪律、仪器完好状况等综合评分。基本评分标准如下:

(1)导线外业观测记录、计算成果,约占分值 15%。

(2)水准测量观测记录、计算成果,约占分值 15%。

(3)四等三角网图上设计,约占分值 30%。

(4)小组实习总结报告,约占分值 5%。

(5)个人实习总结报告,约占分值 15%。

(6)指导教师在实习中对同学的考查成绩,实习小组组员之间的分工、协作、配合及实习的认真态度、出勤等情况，约占分值20%(注:小组长在此项分值中，给分上比小组组员平均略高)。

八、仪器领借、保管方法及注意事项

1.仪器领借、保管方法

(1)实习前，以小组为单位按照仪器室规定时间向仪器室领借仪器、工具，领到仪器后，首先检查仪器是否工作正常，再检查仪器及附件是否齐全;实习结束后，按规定时间将所借仪器、工具全部归还仪器室。

(2)仪器的借用和整个实习期间的统一保管事宜，由小组组长负责组织。

(3)每件仪器工具均应由组长负责分配给专人妥善保管，不得遗失或损坏。

如有损失按学校规定赔偿办法由损失人负责，照章赔偿。

(4)实习期间，仪器工具如有遗失、损坏，应于当天报告老师，查检登记。

(5)爱护仪器、工具。

2.注意事项

(1)搬运工具时应小心轻放，防止仪器受震动和冲击;不横放或倒置;检查背带提环是否牢实;箱盖应扣好加锁。

(2)由箱内取出仪器时，应拿其坚实部分，不可提望远镜。

(3)仪器装在三脚架上以后，应检查是否确已装牢，否则不能松手;安置仪器位置应适当，尽量安置在路边，不得影响交通。

(4)时刻注意仪器的安全。仪器安置以后，必须有人在仪器旁边守护，不可离人，以免发生意外。实习过程中，不得打闹，更不能使用标杆、水准尺等打闹或玩耍。

(5)在野外远距离搬移仪器时，应将仪器装在仪器箱内;近距离搬移时，应将仪器抱在胸前:一手托住基座部分，一手抱住三脚架，切勿扛在肩上。

(6)在野外遇雨时，应把仪器套套上，或放入箱内。勿使仪器淋雨受潮。

(7)仪器如受雨淋后，应立即擦干，并放在外面晾一会，不可立即装入箱内。

(8)皮尺应严防潮湿;皮尺卷入盒内时勿绞缠。

(9)水准尺的尺面刻度应加以保护，勿受磨损。放尺时不应让尺面着地，尺端底部勿粘泥土，并防磨损。

(11)标杆应保持直挺，切不可用来抬物，或作掷、撑器具。

第十二章　GPS 综合实习

一、实习目的

(1)理解和消化"GPS 测量原理与应用"课堂教学的内容,巩固和加深课堂所学的理论知识。

(2)熟练掌握 GPS 仪器设备的使用方法,学会使用 GPS 仪器进行控制测量的基本方法,培养学生的实际动手能力。

(3)培养学生 GPS 数据处理能力。

(4)培养学生 GPS 控制测量的组织能力、独立分析问题和解决问题的能力。

(5)培养学生的团队协作、吃苦耐劳的精神,养成严格按照测量规范进行测量作业的工作作风。

二、实习任务

每个作业班级(分 6 个作业小组)按要求完成 10 个点左右的 E 级 GPS 控制网的选点、组网、观测及数据处理的测量工作。

三、实习组织

实习组织工作由任课教师全面负责,每班配备 2 名教师担任实习指导工作。测量实习以组为单位独立进行,每班分 6 个实习小组,每组学生人数一般 4～5 人,实际实习中可根据总人数和仪器配置情况适当增减人数。每组推选组长 1 人。组长负责组内的实习分工和仪器管理。

四、实习地点

在校园和校园附近及秭归实习基地进行。

五、仪器设备

每组仪器:

(1)Trimble 双频 GPS 接收机 1 台。

(2)脚架 1 个。

(3)电池 2 块。

(4)基座 1 个。

(5)天线 1 个。

(6)天线电缆 1 根。

(7)供电电缆 1 根。

(8)天线连接套杆 1 个。

(9)2 米钢卷尺 1 把。

(10)工具箱 1 个。

(11)记录板 1 块。

(12)记录表格若干。

(13)小测伞1把。

六、实习计划

实习1周，共进行7天，实习安排如下：

(1)实习动员，踏勘、选点、埋桩1天。

(2)编写"*E*级GPS控制网技术设计书"1天。

(3)GPS野外数据采集1天(每小组各1天)。

(4)GPS数据处理(基线解算、网平差)1天。

(5)编写GPS控制网实习报告，上交资料1天。

七、实习注意事项

(1)实习期间应严格遵守学校有关的实习规定，遵守实习纪律，注意实习地区的森林防火安全。未经指导老师同意，不得缺勤，不得私自外出和游泳。

(2)实习中，各小组长应切实负责，应注意合理均匀地给组员分配任务。实习的各项工作每人都应有机会参与，得到锻炼。

(3)由于GPS仪器较少，实习中，小组内、小组之间、班级之间应团结协作，提高工作效率，保证1周实习的顺利完成。

(4)实习中要特别注意仪器设备的安全，各小组要指定专人负责保管。每次出工和收工应清点仪器和工具，发现问题应及时向指导老师报告。

(5)实习期间服从教师指导，努力完成小组安排的各项实习任务。遵守作息制度，注意劳逸结合。作息时间一般应参照学校作息时间，各小组可结合暑期高温情况对本组的实习时间作适当灵活调整。

(6)遵守仪器操作规程，正确使用、保管仪器工具。爱护公物、树木、草坪。搞好团结。保证人身、仪器安全。

八、实习内容

(1)编写"*E*级GPS控制网技术设计书"。

(2)实地踏勘、选点、埋桩。

(3)GPS野外数据采集。

(4)GPS数据处理。

(5)编写"GPS－*E*级控制网实习总结报告"。

九、编写实习总结

实习结束时，每个学生应完成1份"GPS－E级控制网实习总结报告"，总结应反映出学生本人在实习中的收获。

总结报告编写格式如下：

(一)封面：实习名称、时间、班级、小组号、编写人及指导教师姓名。

(二)目录。

(三)前言：说明实习的目的、任务和要求。

(四)GPS控制网技术总结。包括：

第一部分　概述

(1)测区概况。

(2)作业依据。

(3)实习作业安排情况。

(4)实际完成工作量。

第二部分　平面坐标系统、高程系统、起算数据及资料应用情况

第三部分　作业方法、质量和有关技术数据

(1)用仪器设备及软件应用情况。

(2)作业方法。

(3)成果完成情况，包括：

A. GPS控制部分：基线处理情况；网平差情况；

B. 提交成果中需要说明的其他问题；

C. GPS－*E*级控制点成果表。

第四部分　结论

第五部分　提交成果资料清单

(五) 实习心得总结：主要是实习心得，对实习的意见及建议。

十、提交实习成果

(1)"GPS－E级控制网技术设计书"一份。

(2)"GPS－E级控制网实习总结"一份。

(3)GPS－E级控制点成果表一份。

(4)GPS－E级控制点展点及通视图。

(5)GPS点点之记。

(6)GPS野外观测原始数据及平差计算资料。

(7)GPS野外测量作业调度表。

(8)GPS外业观测记录手簿。

十一、实习成绩评定

实习成绩评定依据：实习中学生的表现、仪器操作的熟练程度、数据处理时分析问题和解决问题的能力、仪器设备是否完好无损、所提交GPS控制网成果资料的质量、"GPS控制网技术设计书"和"GPS控制网实习总结"的编写水平等。

实习成绩评定等级：根据以上实习成绩评定依据，实习成绩分为优、良、中、及格和不及格五个等级，其中凡违反实习纪律，缺勤3天以上，实习中发生打架事件，发生重大仪器事故，未提交成果资料和实习总结等，成绩均记为不及格。

第十三章　摄影测量与遥感教学实习

一、前言

摄影测量与遥感实习是摄影测量学和遥感技术及应用两门课程的综合实习课，是以上两门理论课的同步课程，是测绘工程专业的一门专业课。只有通过实习，才能掌握摄影测量的原理、影像处理方法、成图方法；掌握遥感的信息获取、图像处理、分类判读及制图的方法和作业程序，从而更系统地掌握摄影测量与遥感技术。本教学实习的主要内容包括：摄影测量仪器参观实习、遥感影像数字处理实习、立体坐标量测实习和全数字法测图实习。通过实习，学生可以系统地了解摄影测量内业过程中的几何定位和影像解析两大问题；同时深化了解遥感科学与技术学科与摄影测量学科的联系和区别。

二、实习的一般规定

(1)实习前应该认真阅读《摄影测量学》的有关章节以及相应的项目。实习时，必须携带《摄影测量学》，便于参照. 实习期间，学生应完成下列工作：

①实习若是分小组进行，则组长负责组织和协调实习工作；

②实习应在规定时间内进行，不得无故缺席或迟到、早退；应在指定的场地进行，不得擅自改变地点；

③应听从教师指导，严格按照实习要求，认真、按时、独立地完成任务；

④实习结束后，应把实习成果交给指导教师审阅，经过教师认可之后，作必要的清洁工作方可结束实习。

(2)实习期间，指导教师应完成下列工作：

①指导学生了解实习计划和安排，保证实习工作的顺利进行；

②随时检查实习情况，协助解决实习中的各种问题；

③帮助收集并指导学生阅读有关资料；

④提出实习评语。

教师应贯彻对学生全面负责的精神，全面进行检查与指导。及时发现和解决实习中存在的问题。此外，还应组织学生进行必要的学习和经验交流。在整个实习期间，学生应发挥主动精神，克服依赖等待教师的思想，锻炼自己的独立工作能力。

三、实习目的和要求

1. 实习目的

通过实习使学生熟练地掌握摄影测量及遥感的原理，信息获取的途径，数字处理系统和应用处理方法。进一步巩固和深化理论知识，理论与实践相结合。培养学生的应用能力和创新能力，培养学生严肃认真、实事求是、吃苦耐劳、团结协作的精神。

2. 实习要求

(1)了解各类型航测仪器的测图原理及方法；

(2)能够利用 erdas imagine 软件对遥感图像进行处理；

(3)掌握像点坐标的量测方法并能熟练操作立体坐标量测仪；

(4)能够独立制定航线计划；

(5)了解 VirtuoZo NT 系统的运行环境及软件模块的操作特点，了解实习工作流程，从而能对数字摄影测量实习有个整体概念。

四、摄影测量教学实习地点

中国地质大学(武汉)信息工程学院遥感实验室，武汉大学遥感信息工程国家重点实验室。

五、仪器设备和软件

(1)仪器：立体坐标量测仪 1818 型，数字摄影测量工作站，立体观察眼镜。

(2)软件：erdas imagine8.7，VirtuoZo NT 系统软件。

六、实习报告编写要求及成绩评定方法

1. 实习报告编写的内容

(1)实习的性质、目的和方式。

(2)实习的任务、内容及时间安排。

(3)实习任务完成情况。

(4)实习的体会、感想及对实习工作的意见和建议等。

2. 实习报告的编写要求

(1)分章、节编写。

(2)图表与文字说明对应，其大小、位置适当。

(3)叙述清楚、层次分明、重点突出，标号符号使用正确，字迹工整。

(4)报告封面必须用学校统一印制的实习报告封面。

3. 成绩评定原则及等级

实习成绩原则上根据学生在实习中的态度、独立工作能力、实习任务完成情况和实习报告的质量综合评定，划分为优、良、中、及格、不及格五个等级。

七、实习任务和时间安排

本教学实习的各项任务和所需实习时间见表 13-1。

表 13-1　实习任务和时间安排

内　　容	实习时间
航测仪器参观	0.25 天
立体坐标量测与计划	1.25 半
全数字测图	2.5 天
遥感图像处理(校内实习)	1.25 天
合　　计	5.25 天

第十四章　测绘工程软件使用

目前，测绘市场上软件非常多，本章以使用较多、技术较成熟的南方 CASS 绘图软件和 GPS 数据处理软件为例进行介绍。

第一节　CASS 绘图软件

CASS 地形地籍成图软件是基于 AutoCAD 平台技术的 GIS 前端数据处理系统，广泛应用于地形成图、地籍成图、工程测量应用、空间数据建库等领域，全面面向 GIS，彻底打通数字化成图系统与 GIS 接口，使用骨架线实时编辑、简码用户化、GIS 无缝接口等先进技术。

CASS7.0 版本相对于以前各版本，除了平台、基本绘图功能上作了进一步升级之外，还积极响应“金土工程”的要求，针对土地详查、土地勘测定界的需要开发了很多专业实用的工具。在空间数据建库的前端数据的质量检查和转换上提供了更灵活更自动化的功能。特别是为适应当前 GIS 系统对基础空间数据的需要。

一、软件运行平台

AutoCAD2006 平台，同时支持 AutoCAD2002/2004/2005/2006 平台。

二、软件操作步骤

1. 数据输入

数据进入 CASS 都要通过“数据”菜单。一般是读取全站仪数据，也能通过测图精灵和手工输入原始数据来输入。

2. 读取全站仪数据

1)将全站仪与电脑连接后，选择“读取全站仪数据”。

2)选择正确的仪器类型。

3)选择“CASS 坐标文件”，输入文件名。

4)点击“转换”，即可将全站仪里的数据转换成标准的 CASS 坐标数据。

注意：如果仪器类型里无所需型号或无法通讯，可先用该仪器自带的传输软件将数据下载。然后将“联机”去掉，点击“通讯临时文件”选择下载的数据文件，“CASS 坐标文件”输入文件名。点击“转换”，也可完成数据的转换。

3. 等高线绘制

(1)建立 DTM 模型。

(2)编辑修改 DTM 模型。

(3)绘制等高线。

(4)修剪、注记等高线。

注意:DTM(数字地面模型)是按一定结构组织在一起的数据组,它代表着地形特征的空间分布,参考界面如图 14-1 所示。

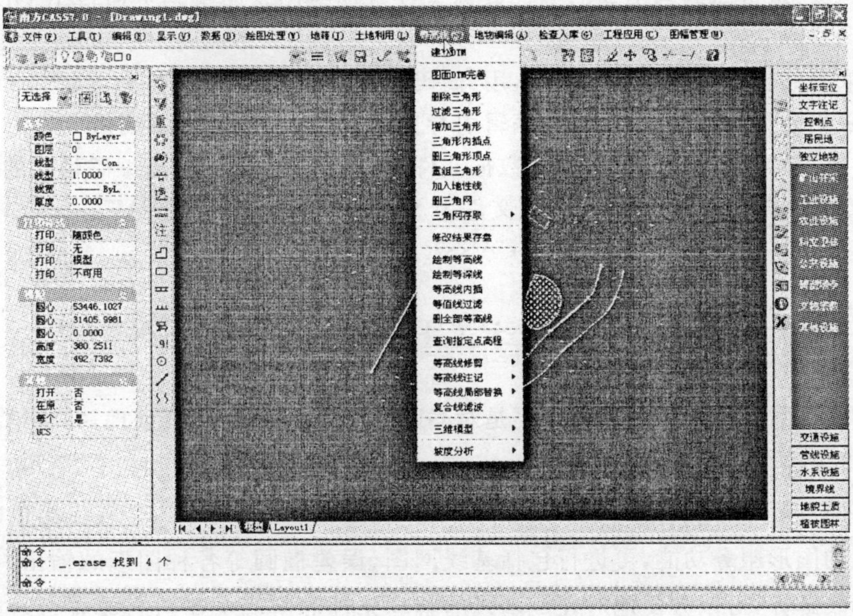

图 14-1　参考界面

4. 图形数据输出

(1)地形图绘制完毕,可以多种方式输出。

(2)打印输出:图幅整饰—连接输出设备—输出。

(3)转入 GIS:输出 Arcinfo、Mapinfo、国家空间矢量格式。

(4)其他交换格式:生成 CASS 交换文件(*.cas)。

参考界面如图 14-2 所示。

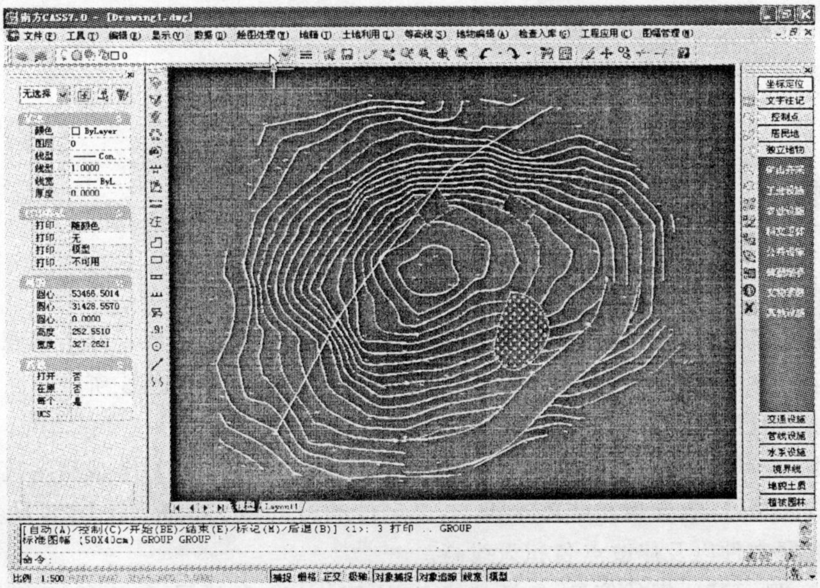

图 14-2　参考界面

5. 编码法成图

(1)编码法:由带简编码格式的坐标数据文件自动绘图。简编码可通过 JCODE. def 文件定制。

(2)在采集数据的同时输入简编码,用“简码识别”成图。示例文件为 YMSJ. DAT。

(3)在采集数据时未输入简编码,编辑引导文件(*. yd),用 “编码引导”成图。编码引导的作用是将“引导文件”与“无码的坐标数据文件”合并成一个新的带简编码格式的坐标数据文件(*. yd 文件格式参考说明书)。示例文件为 WMSJ. YD＋WMSJ. DAT。

注意事项:具体操作步骤参见南方 CASS7. 0 说明书。

第二节　南方 GPS 数据处理软件

GPSADJ 基线处理与平差软件主要是对 GPS 星历数据进行基线处理,并将结果进行约束整网平差,得出控制网最后成果。

软件界面友好,采用风格的全中文操作环境,流程化管理与操作,具有更出色的图形操作界面和良好的图形服务功能,可进行包括基线网图、误差椭圆等各种图形的输出、打印。用该软件进行基线解算,可以方便地对任一基线的解算条件和解算类型进行设置。对于独立的同步环、异步环以及重复基线,均可自动进行搜索。在网平差处理中,增加了三维约束平差和多种约束方法。输出的平差成果精度评定更加完善详细。

一、软件运行环境和计算机配置要求

(1)操作系统:Windows98、Windowsme、Windows2000、WindowsXP。

(2)硬件环境:

CPU:PII MMX200HZ 以上。

内存:32M 以上,推荐配置 128M。

硬盘:4G 以上,至少 100M 硬盘存储空间。

显示屏:15″CRT,至少 256 色、800 * 600 的分辨率。

二、操作步骤

1. 主界面

软件界面非常直观,由菜单栏、工具栏、状态栏以及当前窗口组成。点击相应的状态栏,当前窗口将显示程序的相应状态。在新建项目后,软件主窗口如图 14－3 所示。

网图显示:用以显示网图和误差椭圆。

测站数据:显示每个原始数据文件的详细信息,包括所在路径,每个观测站数据的文件名、点名、天线高、采集日期、开始和结束时间、单点定位的经纬度大地高等。在该状态下,可以增加或者删除数据文件以及修改点名和天线高。

基线简表:显示基线解的信息,包括基线名、比值、方差、X 增量、Y 增量、Z 增量。

基线详解:查看基线解算的详细报告。

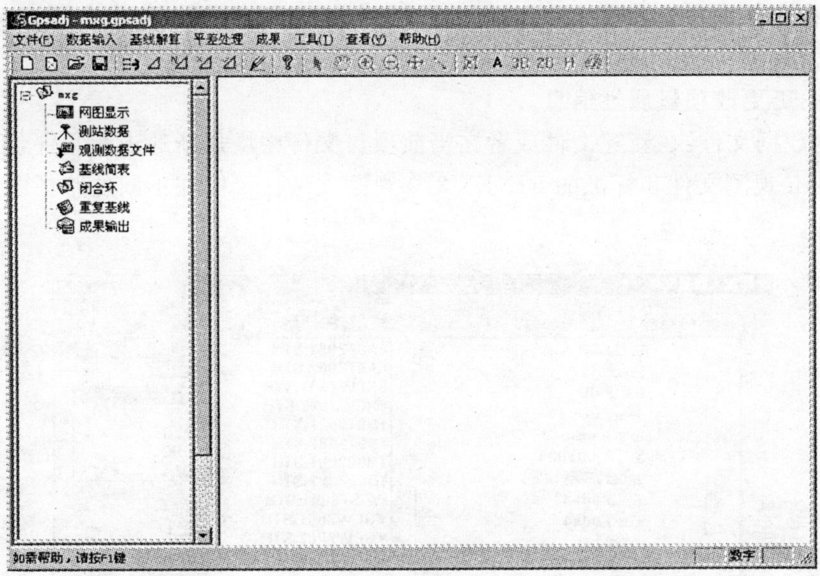

图 14－3　主界面

闭合环：查看最小独立闭合环、最小独立同步闭合环、最小独立异步闭合环、重复基线、任意选定基线组成闭合环的闭合差。

成果输出：查看自由网平差、三维约束平差、二维约束平差、高程拟合等成果以及相应的精度分析。

2. 文件

从本节开始我们将依次叙述菜单栏中各菜单功能，文件菜单如图 14－4 所示。

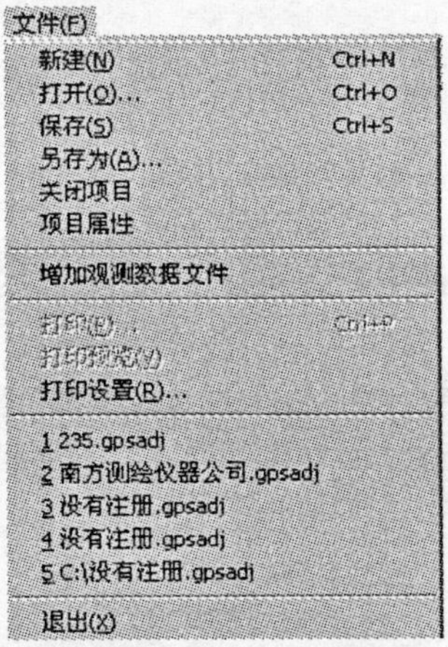

图 14－4　文件菜单

新建：建立工程项目文件。

打开：打开已经保存过的项目文件。

保存：保存当前进度的项目文件。

另存为：将当前进度的项目文件存储到另外的硬盘空间或是软盘、优盘等。

关闭项目：关闭当前窗口的处理项目。

项目属性：可更改项目属性信息。

增加观测数据文件：在新建文件或者在当前项目文件中增加新的观测文件，可以选择读入南方测绘 *.sth 观测文件和标准的 RINEX 2.0 观测文件。可以在不同的路径中任意选择，如图 14－5 所示。

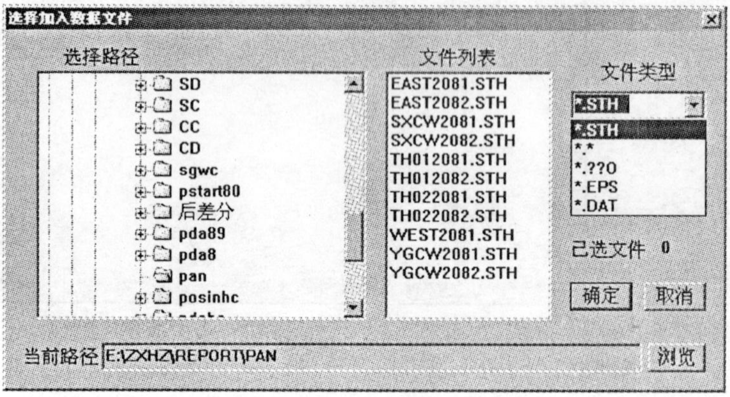

图 14－5　增加新的观测文件窗口

注：南方 GPS 测量系统的数据处理软件除了处理南方的数据外，还可对其他厂商的接收机所采集的数据进行处理。处理的方法是先把其他非南方 GPS 接收机采集的数据转换为标准的 RINEX 2.0（兼容 RINEX 1.0）格式，读入观测文件后进行向量解算以及网平差。

打印：打印当前窗口的网图或平差成果。

打印预览：显示默认打印机以及默认设置下的文件或者图形。

打印设置：对 Windows 下的打印机进行设置，可以选择打印机、设置纸的大小、打印的方向等。

最近文件：调用上一次处理的项目文件。

退出：退出程序。

3. 数据输入

坐标数据录入：在需要原始观测数据录入的情况下，点击“坐标数据录入”，界面如图 14－6 所示。

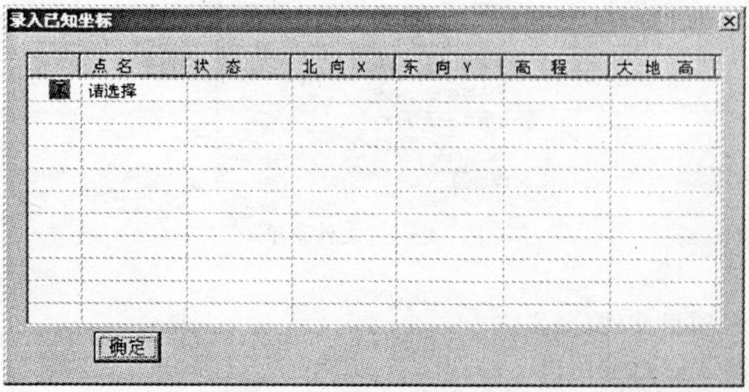

图 14－6　录入已知坐标

在点击上图中“请选择”时，即可输入网图中已知控制点坐标。

4.基线解算

基线解算菜单如图 14－7 所示。

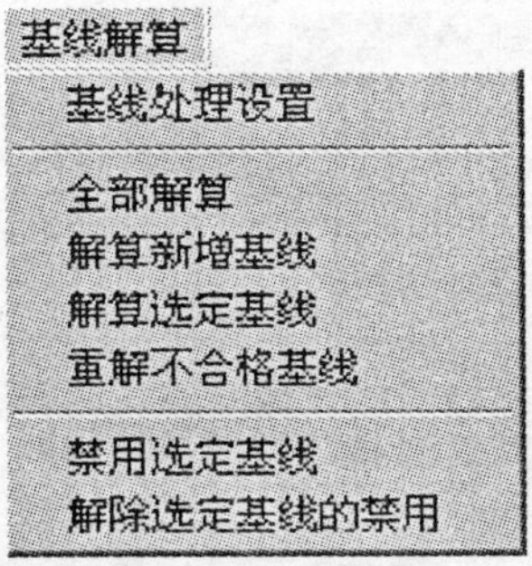

图 14－7　基线解算

基线处理设置：在基线处理前对基线的解算条件进行设置，点击次按钮弹出基线设置对话框如图 14－8 所示。

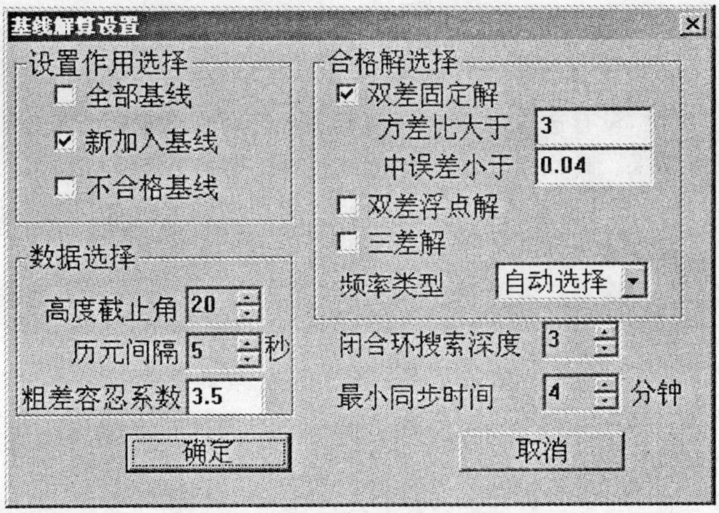

图 14－8　基线处理设置窗口

图 14－8 基线基本信息各项目的含义是：

设置作用选择：

全部解算：对所有调入软件的观测数据文件进行解算。当一条基线解算结束并解算合格(一般情况下要求比值即方差比大于 3.0)后，网图上表示的基线边将变红。不合格的基线将维持灰色。

新增基线：对新增加进来的基线单独解算。

不合格基线：软件只处理上次解算后不合格的基线。

粗差容忍系数：默认值为 3.5。

最小同步时间：同步观测时间小于设定值的同步基线将不参与计算。

5. 平差处理

平差参数设置如图 14－9 所示。

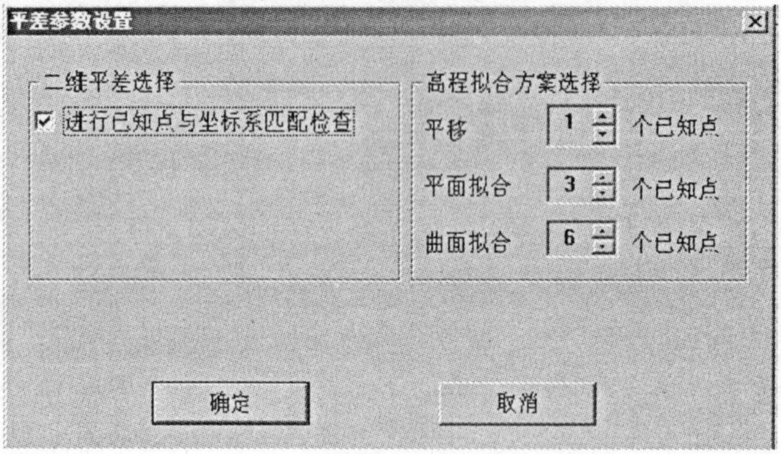

图 14－9　平差参数设置

本项设置为选择已知点坐标与坐标系匹配的检查和高程拟合方案。在图 14－9 中的“二维平差选择”中作了选择后，在进行平差计算时，若输入的已知点坐标和概略坐标差距过大，软件将不进行平差。反之，没有选择，软件对平差已知点不作任何限制。无论输入怎样的已知点坐标，都能计算平差结果。高程拟合方按选取适当的已知水准点来拟合 GPS 高程控制网，最大限度减少高程异常带来的误差或错误。

闭合环闭合差：检查闭合环包括同步环和异步环闭合差。

手工计算闭合差：根据用户需要在网图或基线简表中选定需要计算的基线组成闭合环后进行闭合差计算。

三维平差：对空间三维坐标点进行平差。自由网平差提供各控制点在 WGS－84 坐标系下的三维坐标(经度、纬度、大地高)，各基线向量三个坐标差观测值的总改正数，基线边长以及点位边长的精度信息、误差椭圆。

二维平差：对平面位置点进行二维约束平差，约束平差提供在北京 54、国家 80，WGS－84 坐标系，或者城市独立坐标系下的二维平面坐标、基线向量改正数、基线边长，以及坐标、基线边长的精度信息、转换参数、误差椭圆等。

注意：输入 2 个点可以进行平移；输入 2 个或 2 个点以上，6 个点以下可进行平面拟合；输入 6 个以上点进行二次曲面拟合。

网平差计算：约束平差提供在北京 54、全国 80、WGS－84 坐标系，或城市独立坐标系下的三维坐标、基线向量改正数、基线边长以及坐标、基线边长的精度信息、转换参数、误差椭圆等。

6. 成果上交

成果菜单如图 14－10 所示。

基线解输出：南方测绘 GPS 基线解算结果 Ver 1.00 格式在此菜单项下文本输出，输出结

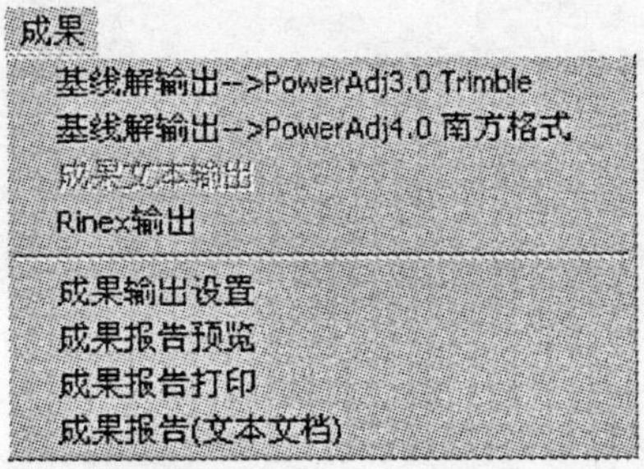

图 14-10　成果菜单

果可用其他平差软件进行平差计算。

成果文本输出:将平差成果和基线详解成果文本输出,直接在记事本可以打开文件。

Rinex 输出:将采集的 GPS 静态数据换成标准 Rinex 格式文本输出。

成果输出设置:执行本命令后,出现如图 14-11 所示界面,用户可根据需要自行设定所需设置。

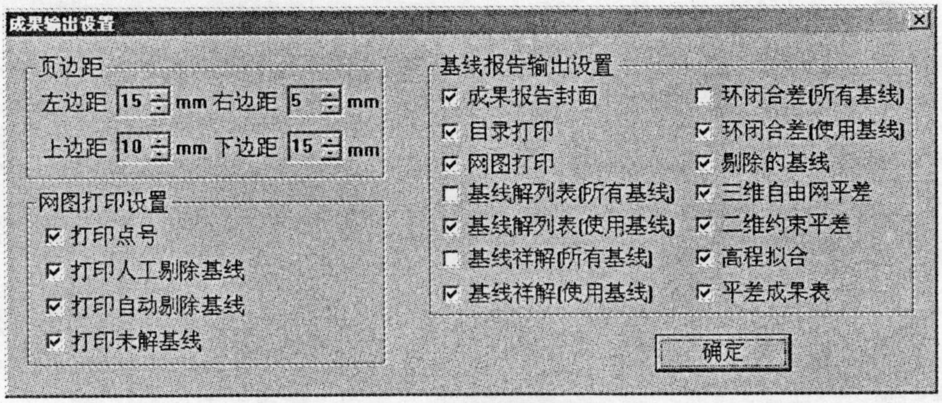

图 14-11　成果输出设置

成果报告预览:打印前预览报告

成果报告打印:打印报告

成果报告(Word 文档):以 Word 文档形式输出成果报告。

以上四项均为了将软件处理后的基线结果和平差结果输出文本,输出后,文件自动保存在软件安装路径下。

第三篇

毕业设计

第十五章　测绘工程专业毕业实习、毕业设计(论文)大纲

一、毕业实习的性质与任务

测量工程专业毕业实习是在学生学完本专业所设置的全部理论课程，并经过有关的教学实习之后所进行的最后一次综合性的业务实践。它是测量工程专业培养高级工程技术人才的重要过程，也是对学生毕业前所具有的业务水平和工作能力的实际检验。

毕业实习的任务，一方面是要在学生完成全部学业之前，总结和检验以往的知识积累情况，继续拓宽知识面，另一方面，要培养学生的综合工作能力，例如自学能力、科学研究能力、收集情报资料和获取信息的能力、工作的组织和管理能力、测算绘的动手能力、用科技语言表达设计思想的能力以及社交活动能力等。

二、毕业实习的时间与方式

毕业实习的时间安排在最后一个学期，一般从第七周开始(前六周为课堂教学时间)，为期4周左右。

适应教学改革新形势的需要，对毕业实习的方式不必拘泥于某种固有格式，可以在完成上述毕业实习任务的前提下，紧密联系生产实际的需要，进行灵活而妥善的安排。一般情况下，可以考虑采用以下3种方式进行毕业实习。

1. 承担测绘生产项目

毕业实习可以安排学生承担并完成生产单位交给的专项测绘任务。例如：地形图和地籍图测绘；控制测量；隧道或巷道贯通测量；地表和建(构)筑物的变形观测与分析；等等。要求学生“真刀真枪”地完成现场测绘任务，为生产单位提交测绘资料和图件。

承担测绘项目的学生，要健全组织管理制度。实习指导教师要事先与生产单位妥善协商，最好是签订协议或合同，明确任务的大小、要求及其他有关事项。尽量做到既有利于教学，又有利于生产，使学生在完成实际测绘任务过程中，进行学习和锻炼。

2. 现场调研和科学实验

毕业实习可以结合指导教师的课题需要安排为现场调研和科学实验。参加调研和科学实验的学生必须事先确定调研的课题和实验内容。具体工作中，应在指导教师和现场技术人员的帮助下，在一处或多处就课题所涉及的问题进行调查研究和收集资料，并对收集的资料作出归纳和分析，必要时利用现场条件进行实验和测试，对其数据作出科学处理。

3. 学生到自己联系的生产单位实习

如果某些学生能自己联系到生产单位进行与测量工程专业有关的实习，应予以鼓励。但采取此种方式实习的学生，要事先向学院有关领导详细汇报实习单位的情况，并拟定实习计

划。实习结束时，由实习所在单位对实习情况写出鉴定意见，返校后交学院或教研室领导。

4. 在实习基地模拟生产实习

当学生(或部分学生)不能以上述三种方式安排毕业实习时，可在实习基地模拟生产实习，如进行地面控制测量、地形测量等。但在实习中指导教师要注意充分发挥学生的主观能动性，有意识地放手让学生自己去工作，锻炼其独立工作能力，同时对各项测绘技术指标按测绘技术规范严格要求，使学生象承担生产任务一样"真刀真枪"地干，实习结束后提交合格的测绘成果。

三、实习的指导

实习指导教师应贯彻对学生全面负责的精神，采取重点深入，全面照顾的方式进行检查和指导。实习期间，指导教师要深入调查研究，及时发现并帮助解决学生实习中存在的问题。此外，要组织学生进行必要的学习和交流，做好学生的思想政治工作。

在整个实习期间，学生要发挥积极主动的精神，克服依赖等待教师的思想，锻炼自己的独立工作能力。教师的任务在于启发学生独立思考，必要时提出分析解决问题的方向，但只供参考。

四、毕业设计(论文)的选题

毕业设计(论文)是测量工程专业教学过程的最后阶段，是前面基础理论学习、基本技能训练的继续、深化和发展。它可以适当弥补以前的学习和训练中的某些不足。但是，毕业设计(论文)最主要的任务是训练学生科学研究的能力，以及运用科技语言(文字、图表等)准确表达自己的思想和学术见解的能力。毕业之前，每个学生必须完成一篇合格的毕业设计(论文)。

毕业设计(论文)的题目，一般在学生进入四年级以后，由教师出题供学生选择，或者由学生自己命题，自己选择指导教师。这样提前命题，目的在于促使学生及早翻阅书刊查找资料，主动学习，积极构思，开拓新的知识领域，培养学生的主动精神和创造精神。

毕业设计(论文)一般可从以下几个方面选题：

(1)测量控制网的布设、施测及平差计算中的理论问题探讨和技术革新。

(2)工程测量控制网的优化设计。

(3)电子计算机技术、全站型电子速测仪、GPS 全球定位技术、陀螺仪等在工程测量中的应用研究。

(4)贯通测量及精密施工测量中的原理和方法的研究。

(5)各种建(构)筑物的变形观测方法、数据处理方法及其保护措施的研究。

(6)工程摄影在工程测量中的应用。

(7)地形测图的自动化研究。

(8)各种测量数据处理软件包的设计。

(9)测量工程自动化设计与研究。

(10)测量工程 CAI 辅助教学软件设计与研究。

(11)GIS 地理信息系统的应用研究。

(12)GPS 定位技术及其应用研究。

一般情况下，学生在完成毕业实习任务之后，应集中时间撰写设计(论文)，时间为 10 周左右。

五、毕业设计(论文)的指导

学生按所选题目,在指导教师的帮助下自己拟定撰写计划并安排工作进程。

设计(论文)的编写,由学生独立进行。指导教师及时审阅学生完成的文稿和图纸,如有错误或不符合要求,指导其修改,再提交审阅。有条件时应聘请评阅人进行评阅,并提出评审意见。

指导教师直接负责学生的毕业设计(论文)工作,其职责如下:

(1) 指导学生解决设计(论文)中出现的各种问题。

(2) 至少每周全面检查一次工作进行情况,例如,进度如何,主要技术问题的解决是否正确,存在的问题等。

(3) 认真审阅学生编写的全部论文,写出评语,并提出是否准许参加答辩的意见。

指导教师在帮助学生解决技术问题时,应尽量采用启发的方式,引导学生独立思考,发挥学生的主动性和创造性。

六、对设计(论文)及图件的要求

(1)论文的正文之前、封面之后应附下列内容:

①指导教师的评语;

②评阅人的评审意见;

③答辩许可证;

④设计(论文)目录。

(2)论文的正文之前应写500字左右的内容提要。

(3)论文的英文提要附在论文结尾。

(4)论文的内容应充实,论据充分,观点明确,条理清楚,文字通顺。

(5)设计(论文)由作者本人用钢笔书写在统一的标准纸上,力求整洁美观,字迹不得潦草。

(6)一律采用法定计量单位(名称、符号)。

(7)正确使用标点符号,简化字以国家正式颁布的为准。外文字母均以印刷体书写。

(8)插图要清晰,位置要安排适当,线条要均匀,图幅大小适宜。

对不符合上述规定的设计(论文)和图件,指导教师有权拒绝审阅,并要求其作者重新编绘或修改。

七、毕业答辩

毕业答辩是在学生完成毕业设计(论文)之后,对学生的论文水平的最后检查和验收,是对学生毕业之前所进行的最高级的面试和考核。

参加答辩的学生应该认真而不紧张,严肃而不怯弱,要充分反映出自己的实际水平和能力,以优异的成绩向祖国和人民汇报。

有关毕业答辩的组织领导,程序安排和注意事项,按学院的统一规定进行。

附：

中国地质大学(武汉)
本科毕业论文(设计)工作规范(试行)

毕业论文(设计)工作作为一个学习、实践、探索和创新相结合的综合性教学环节，是对本科生4年所学知识深度和广度的全面检验，也是对学生运用所学知识分析和解决本专业实际问题能力的考核，它直接影响到我校培养出来的本科毕业生的总体质量。为使我校毕业论文(设计)工作正常进行，特制定本规范。

一、对学生的要求

(1)充分认识毕业论文(设计)这一教学环节的重要性，展示4年来本人所具备的综合能力与基本素质。

(2)尊重指导教师，虚心学习。在选题及论文写作过程中，应定期向导师汇报进展情况，在导师的指导下按时、独立、保质保量地完成毕业论文(设计)。

(3)生产实习(毕业实习)不及格者，不得进入毕业论文(设计)阶段。

(4)进入毕业论文(设计)阶段第一周内，在导师的指导下制定工作计划及进程，以使自己有计划地开展工作，也便于导师和教学管理部门的检查和监督。

(5)必须至少在答辩前一周将定稿后的论文交导师评阅，于答辩前3天交评阅人评阅。

(6)免试推荐研究生的学生其毕业论文(设计)总评成绩至少应为“良”，否则将向研究生院建议取消其研究生免试推荐资格。

(7)学生在毕业论文(设计)过程中，应遵守校纪校规，对违反校纪校规的同学，将按《教学管理规程》处理。

二、对指导教师的要求

(1)指导教师应由思想作风正派、责任心强、业务水平高、实际经验丰富的教师担任。指导教师一般应具有中级或以上职称或具有硕士以上学位。每位指导教师指导进行毕业论文(设计)的学生一般不超过6名。

(2)指导教师职责：

①听取学生实习情况汇报，检查全部实际资料；确定任务，指导学生制定工作计划；指导学生选题，介绍与选题有关的研究现状及参考文献。

②按规定对学生答疑，定时检查学生设计(论文)进展情况，并认真填写“教师指导毕业论文(设计)情况登记表”。

③指导学生撰写、修改并复审设计(论文)(包括封面、中英文摘要、正文、参考文献等)。

④评阅论文，认真书写评语，明确指出其中的创新点和不足之处，避免评语简单化、公式化，并综合学生在进行设计(论文)过程中的表现给予评分。

⑤指导学生作好答辩前的准备工作。

⑥对不认真进行毕业论文(设计)的学生和违纪的学生及时进行帮助;对特别优秀的设计(论文)及成果,负责推荐发表或鼓励其推广应用。

三、对评阅人的要求

评阅人应对毕业论文(设计)进行认真评阅,明确指出设计(论文)的创新点和不足之处,认真书写评语,应避免评语简单化、公式化,并按院(系)评分细则给予评分。

四、对院(系)学术委员会和答辩委员会的要求

(1)院(系)学术委员会成员共5~7人,委员会设主席1人、秘书1人。

(2)院(系)学术委员会的主要职能:

①审定学生毕业答辩的资格;

②组织并监督毕业论文(设计)答辩工作。

③决定组成若干答辩委员会。答辩委员会具体负责答辩现场的各项工作,成员为5~7人,其中主席1人、秘书1~2人,秘书负责答辩过程中的记录及事后的资料整理工作。答辩委员会根据答辩情况写出评语并按照院(系)评分细则给出答辩成绩。

④审定学生毕业论文(设计)的总评成绩并签字。

五、毕业论文(设计)选题要求

(1)毕业论文(设计)的题目可以由学生自选,也可以由导师指导出题,但所有选题必须经教研室认可通过。

(2)选题应达到本专业毕业论文(设计)大纲对知识、能力的要求,符合本专业培养目标,与本专业培养目标无关的选题不能作为毕业论文题目。选题不应过空、过大、过偏,要求具有一定的理论水平或实用价值,并具有一定的创新性。

(3)坚持一人一题的原则,如确有困难,可以两人同题,但侧重点应有所不同,设计(论文)中的实验数据应由学生各自通过实验取得,设计(论文)由学生各自独立撰写,不得几人共同撰写一篇论文。

(4)毕业论文(设计)题目应与生产实习(毕业实习)内容相符合,理工科学生的论文要求贴近科学问题或工程实际,与生产、科研项目相结合,文、法、经、管类学生的论文要求理论联系实际,与社会实际或与公司、企业、部门的实际问题相结合。

六、毕业论文(设计)撰写及格式要求

(1)毕业论文(设计)撰写要求概念清楚、内容正确、条理分明、文字通顺、语言流畅、图表整齐、布局合理、结构严谨、不出现错别字。论文(设计)全文必须用计算机打印。论文一式两份,其中1份交院(系)保存。

(2)毕业论文(设计)篇幅一般在1.2万字左右,各院(系)可根据专业需要规定论文篇幅。毕业论文(设计)一定要有中、英文摘要(含关键词)和参考文献。鼓励非外语专业特别是基地班的毕业生使用英语撰写论文。

(3)毕业论文(设计)中的各种名词、数据、单位应符合各学科(专业)国家标准规定,所列数

据必须科学、真实、准确、有说服力。

(4)毕业论文(设计)使用16开复印纸打印,论文应采用全校统一的封面。撰写格式由各院(系)自行规定,内容包括论文的格式、字体、字号、页边距、每页行数、每行字数、图表的标注、参考文献、论文装订顺序等。

七、毕业论文(设计)答辩程序及要求

(1)毕业论文(设计)答辩前,院(系)组成学术委员和答辩委员会,连同院(系)答辩工作安排一并报教务处实习科。

(2)答辩时间一般为每人40分钟左右,其中包括学生介绍毕业论文(设计)15分钟,答辩委员会提问及学生回答问题10分钟,答辩委员会当场宣读导师评语、评阅人评语、答辩委员会意见等15分钟。

(3)答辩过程中,要求学生严肃认真,衣着整齐,回答问题清楚,重点突出,论据充分。

(4)鼓励用外语撰写毕业论文(设计)的学生用英语答辩。

(5)凡指导教师或评阅人认为其毕业论文(设计)未达到及格要求的学生,无资格参加答辩。

八、毕业论文(设计)评分要求

(1)各专业应根据本专业的培养目标制定详细的评分标准,并严格执行。优秀论文应有一定的创新性,水平较高。

(2)毕业论文(设计)答辩结束后,答辩委员会根据答辩情况书写评语并给出答辩成绩,根据导师的评分(40%)、评议员的评分(30%)及答辩成绩(30%),再综合考虑其他一些因素,给出毕业论文(设计)总评成绩,然后由院(系)学术委员会统一审定、签字,学术委员会也可以根据实际情况调整总评成绩。优秀论文比例一般在15%左右,优秀论文须名符其实。

(3)毕业论文(设计)的各项评分采用"优秀"、"良好"、"中等"、"及格"、"不及格"五级分制或百分制,总评成绩采用五级分制。百分制中分数段为"90～100"、"80～89"、"70～79"、"60～69"、"60分以下"的分别与五级分制中的"优秀"、"良好"、"中等"、"及格"、"不及格"相对应。

(4)与本专业培养目标无关的设计(论文),及抄袭他人论文者、不参与论文答辩者、设计(论文)内容与生产实习(毕业实习)内容严重不符者、所编写的计算机程序根本不能运行者,其设计(论文)总评成绩应定为"不及格"。

九、毕业论文(设计)质量检查

(1)学生开始进行毕业论文(设计)前,院(系)要检查各教研室对毕业论文(设计)工作的准备情况,检查的项目包括毕业论文(设计)题目、要求、分组和指导教师的安排,并下达毕业论文(设计)任务书。

(2)毕业论文(设计)过程中,院(系)要组织人员随时检查、指导,教务处随机到设计现场检查教师、学生及实验技术人员到位情况和学生设计(论文)进展情况。

(3)毕业论文(设计)答辩时,教务处将邀请校教学委员及教学督导员到答辩会场检查答辩情况。

(4)论文答辩工作结束后,各院(系)应将《中国地质大学毕业论文(设计)教学情况登记表》、

《中国地质大学本科生毕业论文(设计)题目及成绩统计表》填写好并及时交教务处实习科。

(5)及时将优秀论文摘要(中、英文,包括论文题目、学生姓名、导师姓名)以软盘的形式交教务处实习科。

(6)各院(系)组织专家对已答辩学生的论文进行抽查,对论文评分与论文实际水平严重不符的导师和评阅人,院(系)应提出批评。

(7)教务处对学生下发调查表,了解学生在毕业论文(设计)过程中的有关情况。

(8)每年下半年,教务处对毕业论文(设计)进行抽查,并请专家对设计(论文)进行评价,对实际水平与成绩不符的论文,学校将给予通报,并给予该院(系)一定的处罚。

十、毕业论文(设计)的保存

毕业论文(设计)应分别装入专用的资料袋中,内容包括设计(论文)全文及光盘、毕业论文(设计)任务书、教师指导毕业论文(设计)情况登记表、导师评语、评阅人评语、毕业论文(设计)答辩记录及评定表等。

由各院(系)保存近三年的毕业论文(设计)原件,三年以前的设计(论文)由各教研室保存。存档的论文可按院系有关规定进行借阅,一般不向校外借阅。

十一、其他

各院(系)应于答辩前将院(系)答辩委员会组成和答辩时间、地点报教务处,以便教务处有足够的时间安排检查。

本规范是对全校各本科专业毕业论文(设计)工作的总体要求,各专业应根据实际培养需要制定毕业论文(设计)大纲和具体、详细的规范和评分标准。

本规范自发布之日起开始试行,原有规范(规定)同时作废。

中国地质大学(武汉)教务处

二〇〇二年三月六日

中国地质大学本科毕业(设计)首页如下所示。

中国地质大学
CHINA UNIVERSITY OF GEOSCIENCES

本科毕业论文（设计）

题目：______________________________

____

姓　　名：__________　　学号：__________

院（系）：__________　　专业：__________

指导教师：__________　　职称：__________

评 阅 人：__________　　职称：__________

______年______月

参考文献

程新文,陈性义. 测量学[M]. 北京:地质出版社,2008

党安荣,贾海峰,陈晓峰. ERDAS IMAGINE 遥感图像处理教程[M]. 北京:清华大学出版社,2010

杜海平,詹长根,李兴林. 现代地籍理论与实践[M]. 深圳:海天出版社,1999

孔祥元,梅是义. 控制测量学(上册)[M]. 武汉:武汉大学出版社,2002

李青岳,陈永奇主编. 工程测量学[M]. 北京:测绘出版社,1995

潘正风,杨正尧,程效军,成枢,王腾军编著. 数字测图原理与方法习题和实验[M]. 武汉:武汉大学出版社,2005

施一民. 现代大地控制测量[M]. 北京:测绘出版社,2003

谭峻,詹长根,曲卫东. 地籍学[M]. 北京:科学出版社,2006

武汉测绘科技大学编写组. 测量学[M]. 第三版. 北京:测绘出版社,1991

武汉大学测绘学院测量平差学科组. 误差理论与测量平差基础[M]. 武汉:武汉大学出版社,2003

杨昕,汤国安. ERDAS 遥感数字图像处理实验教程[M]. 北京:科学出版社,2009

杨正尧. 数字测图原理与方法实验与习题[M]. 武汉:武汉大学出版社,2004

詹长根,唐祥云,刘丽. 地籍测量学[M]. 武汉:武汉大学出版社,2005

张正禄主编. 工程测量学[M]. 武汉:武汉大学出版社,2005

张正禄著. 工程测量学辅助教材习题、课程设计和实习指导书[M]. 武汉:武汉大学出版社,2005

中华人民共和国电力行业标准. 水电水利工程施工测量规范 (DL/T 5173－2003)[M]. 北京:中国电力出版社,2008

中华人民共和国国家标准. 工程测量规范 (GB50026－2007)[M]. 北京:中国计划出版社,2008

中华人民共和国行业标准. 公路勘测规范 (JTJ061－99)[M]. 北京:中国交通出版社,1999